# 马克笔手绘

李国涛 ★ 著

MA KE BI SHOU HUI BIAO XIAN JI FA RU MEN SHI NEI BIAO XIAN

## 表现技法入门 室内表现 （视频教学版）

人民邮电出版社

北京

**图书在版编目（CIP）数据**

马克笔手绘表现技法入门. 室内表现 ：视频教学版 /
李国涛著. -- 北京 ：人民邮电出版社，2017.10
ISBN 978-7-115-46445-3

Ⅰ. ①马… Ⅱ. ①李… Ⅲ. ①建筑画－绘画技法
Ⅳ. ①TU204

中国版本图书馆CIP数据核字(2017)第171087号

# 内 容 提 要

在建筑设计、室内设计、室外设计、装饰设计和工业设计以及其他相关设计领域里，都是通过手绘快速表现将设计者的构思传达给使用者的，而马克笔手绘快速表现更是初学者必须要掌握的设计手段之一。

本书以案例讲解的方式，从实用的角度循序渐进地讲解了马克笔手绘室内表现的相关知识，图文翔实，语言精练。本书共 7 章内容：第 1 章讲解了马克笔手绘室内表现基础知识；第 2 章介绍了室内手绘工具和勾线基础技法；第 3 章介绍了室内常见材质表现技法；第 4 章介绍了室内陈设品表现，包含了床体、抱枕、沙发、椅子、茶几、窗帘、灯具、绿植、装饰品等内容；第 5 章至第 7 章分别介绍了住宅空间表现、餐饮娱乐空间表现和展示空间表现的绘制方法和延伸教学案例。

本书适合初学者作为自学教材，也适合专业美术培训机构和高校作为相关专业教材；如果配合《马克笔手绘表现技法入门（视频教学版）》《马克笔手绘表现技法入门：建筑表现（视频教学版）》，学习效果会更好。

- ◆ 著　　　　　李国涛
　　　责任编辑　　何建国
　　　责任印制　　陈　犇

- ◆ 人民邮电出版社出版发行　　北京市丰台区成寿寺路 11 号
　　邮编　100164　电子邮件　315@ptpress.com.cn
　　网址　http://www.ptpress.com.cn
　　廊坊市印艺阁数字科技有限公司印刷

- ◆ 开本：787×1092　1/16
　　印张：13.25　　　　　　　　2017 年 10 月第 1 版
　　字数：694 千字　　　　　　2024 年 7 月河北第 18 次印刷

定价：69.80 元

读者服务热线：(010)81055296　印装质量热线：(010)81055316
反盗版热线：(010)81055315
广告经营许可证：京东市监广登字20170147号

# 目 录

**第1章**
**室内表现基础**·············· **6**

**1.1 设计基础**················ **7**
  1.1.1 设计素描基础·············· 7
  1.1.2 设计色彩基础·············· 8

**1.2 透视基础**················ **11**
  1.2.1 一点透视················ 11
  1.2.2 两点透视················ 12

**1.3 速写基础**················ **14**
  速写····················· 14

**第2章**
**室内手绘工具与勾线基础技法**··· **17**

**2.1 马克笔**················· **18**
  2.1.1 马克笔介绍··············· 18
  2.1.2 马克笔笔触编排练习········· 19
  2.1.3 明度渐变训练············· 20
  2.1.4 同色系渐变训练··········· 22
  2.1.5 "控制"马克笔··········· 23

**2.2 色铅笔**················· **25**
  2.2.1 色铅笔和画纸介绍·········· 25
  2.2.2 色铅笔的笔触············· 25

**2.3 色粉笔**················· **27**
  2.3.1 色粉笔介绍··············· 27
  2.3.2 色粉笔技法··············· 27
    范例：地砖················ 27
  2.3.3 色粉笔与马克笔结合········· 28
    范例：砖块················ 28

**2.4 勾线基础技法**············· **29**
  2.4.1 勾线工具介绍············· 29
  2.4.2 线条练习··············· 29

**2.5 装饰文字样式**············· **32**

**第3章**
**室内常见材质表现**············· **35**

**3.1 地面表现**················ **36**
  3.1.1 青石板材质表现············ 36
    范例：有石台的地面·········· 36
  3.1.2 地面瓷砖表现············· 36
    范例一：客厅一角··········· 36
    范例二：酒店洗手间一角······· 37
  3.1.3 范画欣赏··············· 38

**3.2 墙面表现**················ **40**
  3.2.1 大理石墙面表现··········· 40
    范例一：大理石墙面·········· 40
    范例二：大理石方柱·········· 40
  3.2.2 彩色瓷砖墙面表现·········· 41

**3.3 板材材质表现**············· **42**
  3.3.1 实木地板表现············· 42
  3.3.2 木质装饰面表现··········· 43
    范例一：木质背景墙·········· 43
    范例二：橱柜门············ 43
  3.3.3 范画欣赏··············· 44

**3.4 玻璃材质表现**············· **45**
  3.4.1 建筑外部立面表现·········· 45
    范例：窗户··············· 45
  3.4.2 建筑内部立面表现·········· 45
    范例：酒店走廊············ 45
  3.4.3 范画欣赏··············· 46

**3.5 布艺材质表现**············· **47**
  3.5.1 装饰布料表现············· 47
    范例：屏风··············· 47
  3.5.2 其他布料表现············· 48
    范例：布料图样············ 48
  3.5.3 布艺图案··············· 48
  3.5.4 范画欣赏··············· 50

**第4章**
**室内陈设品表现** ......... **52**

4.1 床体表现 ......... 53
    4.1.1 床体结构分析 ......... 53
    4.1.2 床体绘制实例 ......... 55
        范例一：结构 ......... 55
        范例二：阴影 ......... 56
        范例三：褶皱 ......... 56
    4.1.3 欧式床表现 ......... 57
        范例一：双人床 ......... 57
        范例二：单人床 ......... 58
    4.1.4 中式床表现 ......... 58
        范例：中式架子床 ......... 58

4.2 抱枕、沙发表现 ......... 59
    4.2.1 抱枕结构解析 ......... 59
    4.2.2 抱枕绘制实例 ......... 59
        范例一：单体抱枕 ......... 59
        范例二：组合抱枕 ......... 60
    4.2.3 单人沙发表现 ......... 62
    4.2.4 双人沙发表现 ......... 63
        范例一：一点透视——沙发 ......... 64
        范例二：两点透视——直角沙发 ......... 65
        范例三：两点透视——弧形沙发 ......... 65
    4.2.5 组合沙发表现 ......... 66
        范例：会客厅沙发组合 ......... 66
    4.2.6 范画欣赏 ......... 67

4.3 椅子表现 ......... 69
    4.3.1 椅子结构分析 ......... 69
    4.3.2 椅子绘制实例 ......... 72
        范例一：欧式单人靠椅 ......... 72
        范例二：中式简约对椅 ......... 73
        范例三：休闲对椅 ......... 73
    4.3.3 曲面椅子结构分析与表现 ......... 75
    4.3.4 异形椅子结构分析与表现 ......... 77
        范例一：中式传统禅凳 ......... 78
        范例二：中式传统太师椅 ......... 78

4.4 茶/几表现 ......... 80
    4.4.1 茶几结构分析 ......... 80
        范例一：立方体茶几 ......... 82
        范例二：长方体茶几 ......... 82
        范例三：组合体茶几 ......... 83
    4.4.2 范画欣赏 ......... 84

4.5 窗帘表现 ......... 86
    4.5.1 窗帘褶皱分析 ......... 86
    4.5.2 窗帘绘制实例 ......... 88
        范例一：垂直帘 ......... 88
        范例二：床幔 ......... 89
        范例三：组合帘 ......... 89
    4.5.3 范画欣赏 ......... 91

4.6 灯具表现 ......... 92
    4.6.1 灯具结构分析 ......... 92
    4.6.2 灯具绘制实例 ......... 93

        范例：中式吊灯 ......... 93
    4.6.3 灯具线稿练习 ......... 93
    4.6.4 范画欣赏 ......... 94

4.7 室内植物表现 ......... 96
    4.7.1 室内植物结构分析 ......... 96
    4.7.2 室内植物绘制实例 ......... 97
        范例一：桌上植物1 ......... 97
        范例二：桌上植物2 ......... 97
    4.7.3 范画欣赏1 ......... 98
    4.7.4 室内落地植物绘制实例 ......... 99
        范例一：落地植物1 ......... 99
        范例二：落地植物2 ......... 100
    4.7.5 范画欣赏2 ......... 101

4.8 装饰品表现 ......... 102
    4.8.1 小雕塑结构分析 ......... 102
    4.8.2 小雕塑绘制实例 ......... 102
        范例：帆船 ......... 102
    4.8.3 范画欣赏1 ......... 103
    4.8.4 桌面小摆件结构分析 ......... 104
        范例一：茶杯 ......... 106
        范例二：茶壶 ......... 106
        范例三：咖啡杯 ......... 107
    4.8.5 范画欣赏2 ......... 107

4.9 墙面装饰画表现 ......... 108
        范例：欧式装饰画 ......... 108

4.10 范画欣赏 ......... 110

**第5章**
**住宅空间表现** ......... **114**

5.1 平面图 ......... 115

5.2 卧室空间表现 ......... 116
        范例：主卧室间表现 ......... 116
    5.2.1 两点透视卧室 ......... 118
        范例一：家庭卧室 ......... 118
        范例二：酒店总体套房 ......... 120
        范例三：酒店客房 ......... 122
    5.2.2 一点透视卧室 ......... 123
        范例：中式套房卧室 ......... 123

5.3 客厅空间表现 ......... 125
    5.3.1 欧式客厅表现 ......... 126
        范例一：客厅一角 ......... 126
        范例二：客厅陈设 ......... 126
    5.3.2 中式客厅表现 ......... 129

5.4 书房空间表现 ......... 130
    5.4.1 中式书房表现 ......... 130
        范例一：中式古典书房 ......... 130
        范例二：中式简约书房 ......... 130
    5.4.2 欧式书房表现 ......... 132
        范例：古典风格书房 ......... 132

5.5 厨房空间表现 ···················· 134
  5.5.1 现代风格厨房表现 ·············· 134
    范例：家用厨房 ···················· 134
  5.5.2 开放式厨房表现 ················ 135
    范例一：厨房一角1 ················ 135
    范例二：厨房一角2 ················ 137

5.6 洗手间空间表现 ················ 138
    范例：酒店洗手间一角 ············ 138

5.7 范画欣赏 ······················ 140

**第6章**
**餐饮娱乐空间表现** ············· **153**

6.1 餐厅空间表现 ·················· 154
  6.1.1 中式餐厅空间表现 ············ 154
    范例一：餐桌 ···················· 154
    范例二：边桌 ···················· 156
    范例三：中式台案 ················ 157
    范例四：饭店大堂 ················ 157
    范例五：酒店包房 ················ 158
  6.1.2 西式餐厅空间表现 ············ 159
    范例一：古典扶手椅 ·············· 159
    范例二：边桌 ···················· 161
    范例三：简约餐桌 ················ 161
    范例四：餐饮餐具 ················ 162
    范例五：西餐厅一角1 ·············· 163
    范例六：西餐厅一角2 ·············· 165
  6.1.3 主题餐厅空间表现 ············ 165
    范例：自助餐吧 ·················· 165

6.2 酒店空间表现 ·················· 167
  6.2.1 大堂空间表现 ················ 167
    范例一：酒店大堂 ················ 167
    范例二：咖啡厅 ·················· 167
  6.2.2 休闲空间表现 ················ 168
    范例：休闲空间 ·················· 168

6.3 茶室、咖啡厅、冷饮店空间表现 ····· 169
  6.3.1 茶室空间表现 ················ 169
    范例一：中式茶室 ················ 169
    范例二：日式茶室 ················ 169
  6.3.2 咖啡厅空间表现 ·············· 170
    范例：弧形咖啡厅 ················ 170
  6.3.3 冷饮店空间表现 ·············· 171
    范例：简约风格冷饮店 ············ 171

6.4 KTV空间表现 ·················· 172
  6.4.1 KTV吧台表现 ················ 172
    范例：KTV吧台 ·················· 172
  6.4.2 KTV娱乐大厅表现 ············ 172
    范例一：KTV大厅1 ··············· 172
    范例二：KTV大厅2 ··············· 173

  6.4.3 KTV门厅表现 ················ 174
    范例：动感风格KTV门厅 ·········· 174
  6.4.4 KTV包房表现 ················ 174
    范例：科技感KTV包房 ············ 174
  6.4.5 KTV过道表现 ················ 175
    范例：重叠空间KTV上色 ·········· 175

6.5 范画欣赏 ······················ 176

**第7章**
**展示空间表现** ················· **191**

7.1 商场空间表现 ·················· 192
  7.1.1 商场展柜表现 ················ 192
    范例：摆台 ······················ 192
  7.1.2 商场休闲区表现 ·············· 193

7.2 专卖店表现 ···················· 194
  7.2.1 手机专卖店表现 ·············· 194
  7.2.2 服装专卖店表现 ·············· 195
    范例一：鞋包专卖店 ·············· 195
    范例二：服饰专卖店 ·············· 195
  7.2.3 陶瓷专卖店表现 ·············· 196
  7.2.4 家具专卖店表现 ·············· 197
    范例一：卧室陈设 ················ 197
    范例二：客厅陈设 ················ 198

7.3 汽车展示与陈设表现 ············ 199
  7.3.1 汽车单体表现 ················ 199
    范例一：家用车 ·················· 199
    范例二：商务车 ·················· 199
    范例三：跑车 ···················· 199
  7.3.2 汽车陈列空间表现 ············ 200
    范例：车博会一角 ················ 200

7.4 博物馆空间表现 ················ 201
  7.4.1 科技馆空间表现 ·············· 201
    范例一：科技馆展厅1 ············· 201
    范例二：科技馆展厅2 ············· 201
  7.4.2 历史博物馆表现 ·············· 202
    范例一：博物馆展厅1 ············· 202
    范例二：博物馆展厅2 ············· 203
  7.4.3 图书展示表现 ················ 203
    范例：阅览室 ···················· 203

7.5 范画欣赏 ······················ 204

# 第1章

室内表现基础

# 1.1 设计基础

## 1.1.1 设计素描基础

　　素描是一切造型艺术的基础，包含了一切造型艺术的根本规律。而设计素描则有别于传统的造型素描，它主要研究客观对象的内在构成关系与外观形式的整合感，从而超越模仿，达到主动性的认识与创造，并将艺术表现形式以及视觉造型语言与专业设计有机结合，体现了科学与美学、技术与艺术的完美统一。

胡秋虹

张蕊

许丹

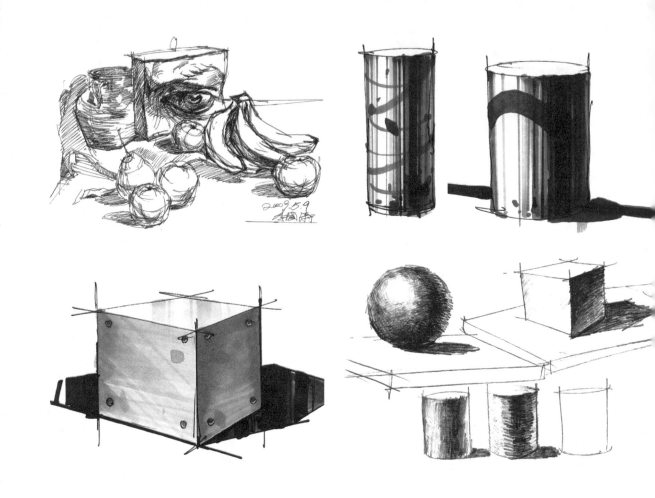

## 1.1.2 设计色彩基础

在人眼看到的景物色彩中都可用色彩纯度、色彩明亮度和色彩的相貌这三要素来表达。概括地说是色相（hue）、明度（Value）和纯度（Chroma）。

### 1.色相：色彩的名字

色彩是物体被光照射后，光反射到人眼视神经上所产生的感觉。颜色是由光的波长的长短差别所决定的，会呈现出红、橙、黄、绿、青、蓝、紫等色彩。

红、黄、蓝是绘画中最基本的三原色，由两种原色等量相加调成的色彩，称为间色（二次色）。由两种间色等量相加或三原色适当混合而成的色彩，称为复色（三次色）。

### 2.明度：色彩所具有的亮度和暗度被称为明度

色彩明度变化的原因有许多，如不同色相之间的明度变化或在某种色彩里面添加白色，亮度会逐渐提高；反之会变黑。色彩的纯度也会随之改变。环境的亮度也会影响色彩的明度变化。

### 3.纯度：色彩的鲜艳程度，也叫饱和度

原色是纯度最高的色彩。色彩混合的次数越多，纯度越低；反之纯度越高。

### 4.固有色

是指某种物体在自然光照环境下给人的色彩印象，如西红柿、柠檬、香蕉、咖啡、树叶等。

### 5.色调

是指构成画面总的色彩倾向色，称为色调。是色彩组合在一起统一呈现的色彩倾向色。色调能呈现出冷色调、暖色调、绿色调、蓝色调等。

暖色调

灰色调

冷色调

黄色调

暖绿色调

绿色渐变到黑色，所经过的色彩变化　　　　　　红色渐变到绿色，所经过的色彩变化

蓝冷色调

# 1.2 透视基础

## 1.2.1 一点透视

　　一点透视又叫平行透视，即物体的一个主要面平行于画面，其他线垂直于画面，斜线都消失于一点，即灭点，而灭点也在视平线上。

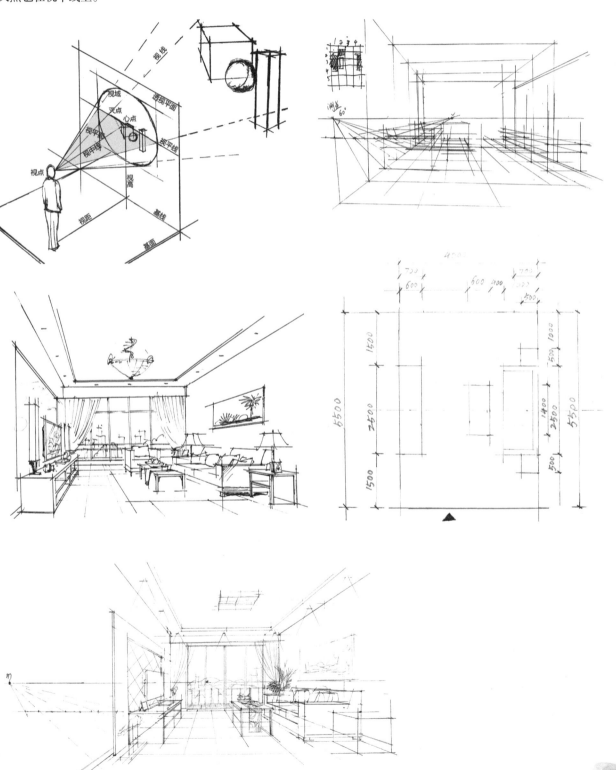

## 1.2.2 两点透视

两点透视又叫成角透视，是指物体垂直线平行于画面，其他线均倾斜形成两个灭点时形成的透视。灭点消失在视平线上。两点透视能直观地反映空间效果，所以这种透视法多数用于表现室内小空间。

**范例：两点透视——厨房**

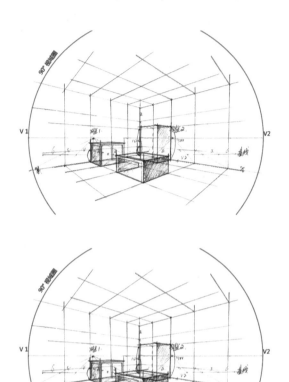

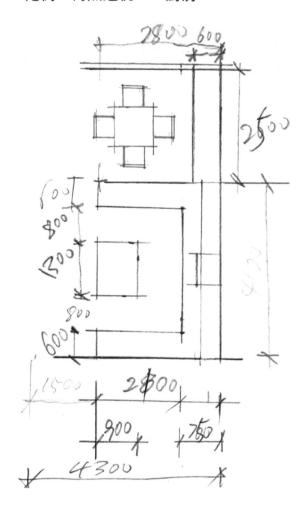

步骤一：确定厨房的透视平面。

步骤二：沿透视平面向上画出厨柜的高度。

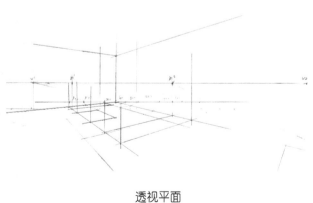

透视平面

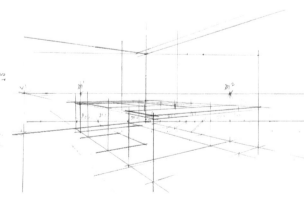

步骤三：正确画出橱柜与橱柜之间的比例。　　　　　　步骤四：确定橱柜结构，勾画墨线稿。

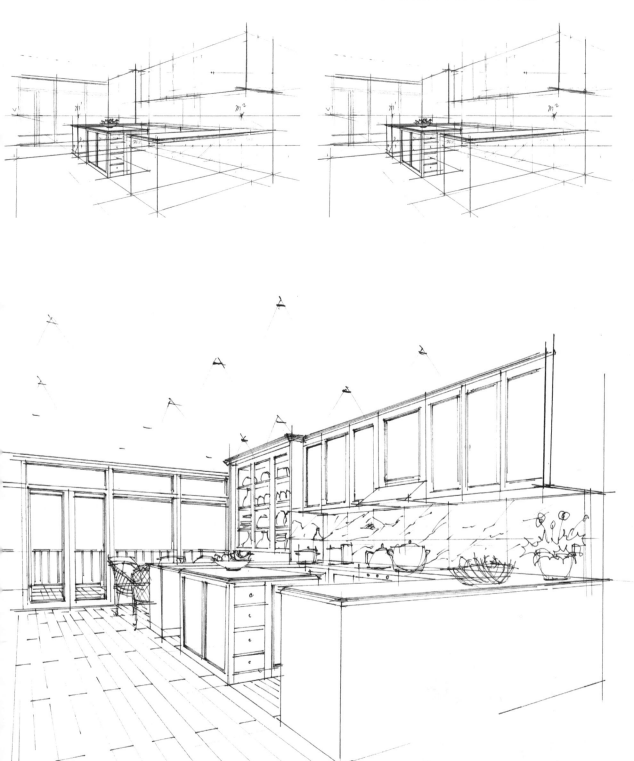

# 1.3 速写基础

## 速写

速写是快速描绘空间物体的一种表现形式，主要用来训练初学者敏锐的观察能力和快速表现能力，同时捕捉形体状态与对空间尺度的感受，从而可以积累大量的设计资料。

绘制速写的线条要流畅，形体与形体之间的比例、透视、结构要正确。

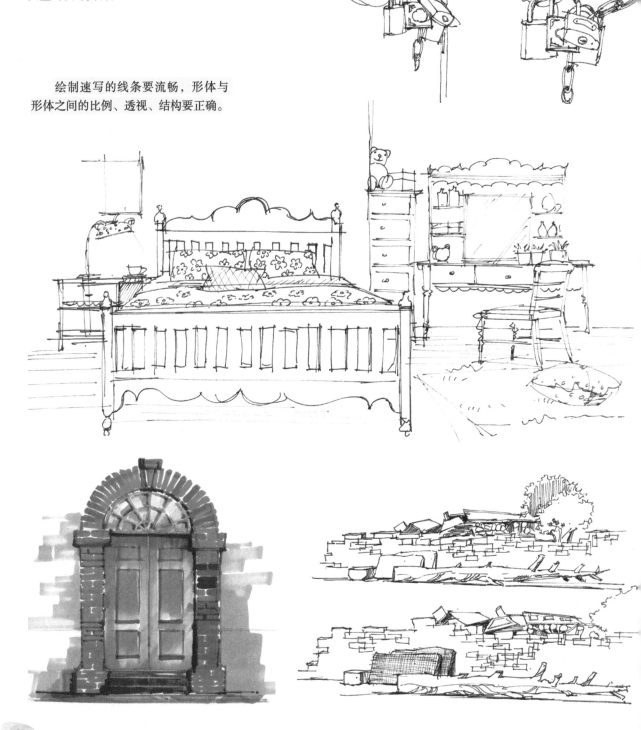

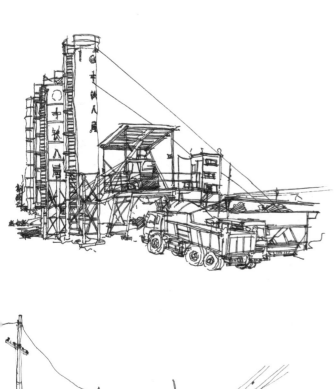

罗熊

许赜略

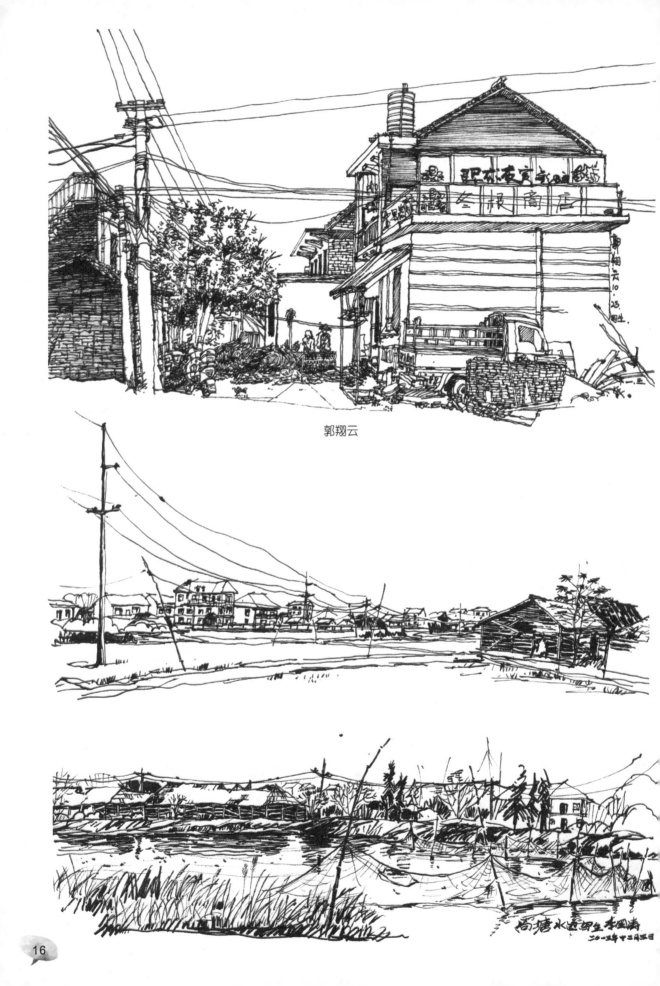

郭翔云

# 第2章

## 室内手绘工具与勾线基础技法

## 2.1 马克笔

### 2.1.1 马克笔介绍

　　马克笔是手绘设计快速表现最常用的工具，它以携带方便、色彩丰富、表现力强等优点逐渐被广大的设计类工作者所接受。马克笔大体上可以分为酒精性、油性和水性三种。

　　**1. 酒精性、油性马克笔**

　　酒精性和油性马克笔是较为常用的。这两种笔的共同特点是色彩柔和、耐水、耐光、快干；色彩与色彩之间容易衔接，可以反复修改、叠加上色而不伤纸。

　　**2. 水性马克笔**

　　水性马克笔的特点是色彩艳丽、透明性好，和水彩的效果很类似；色彩与色彩不容易衔接，多次修改或叠加上色会伤纸。

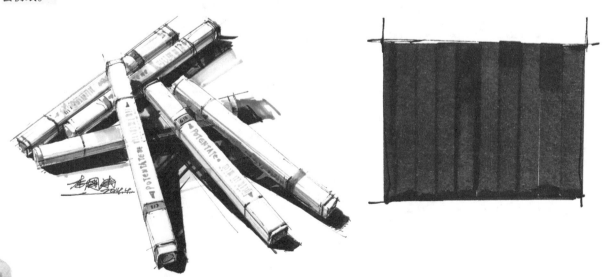

## 2.1.2 马克笔笔触编排练习

利用马克笔的特性可以精确地将颜色添加到必要的位置上去。随着线稿形状的不同，马克笔用笔的方法也不相同。如窄小的上色区域要把马克笔笔尖立起来使用。

又窄又长的上色区域，可以采用平放笔尖，横向排单栏笔触的方法表现。

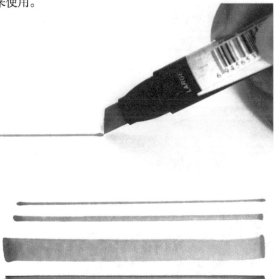

大面积上色区域就要采用叠加排列笔触的方法来填充色彩，注意每一笔之间不能有缝隙，不能有重叠的痕迹，否则都会影响画面的整体效果。

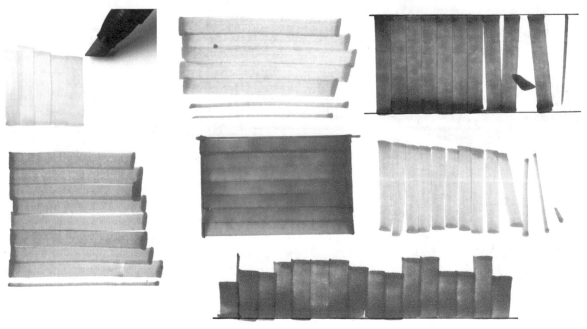

笔触与笔触之间连续、快速、重复叠加的画图方法，可以得到柔和的、没有笔触叠痕的一块色彩。

### 2.1.3 明度渐变训练

要想用马克笔表现出更好的渐变效果，可以采用"漂笔叠加笔触"的表现手法。

"漂笔"是由一端快速地向另一侧漂笔（可以画一遍完成，也可反复多次地叠加），起到色彩渐变的效果。

"Z字形"是非常常见的笔触表现手法，可以采用连续、多次叠加的手法，产生出渐变的效果。

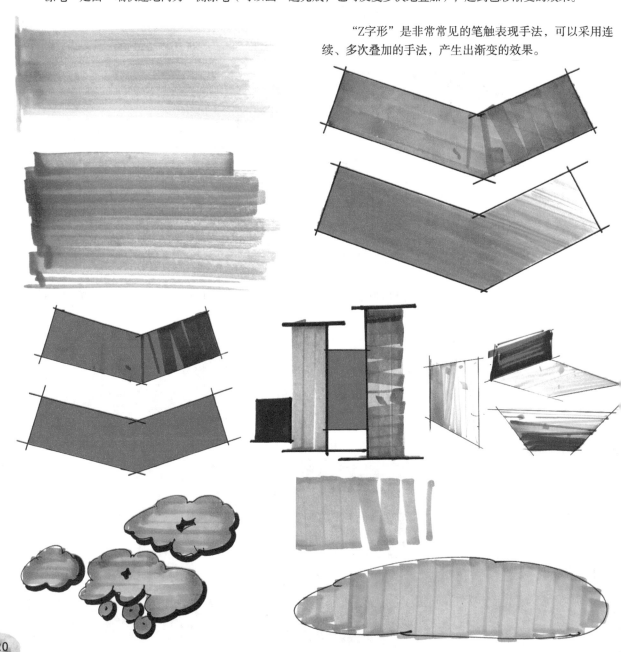

马克笔笔触的运用。

注："方体、圆柱体"的表现，就是基础中的基础，是最重要的环节。

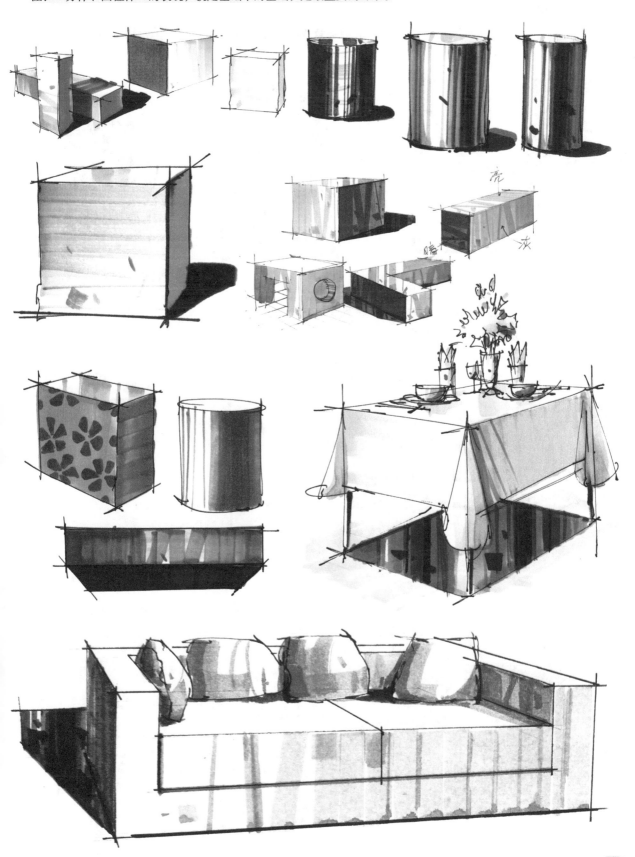

## 2.1.4 同色系渐变训练

马克笔的同色系色彩渐变采用"Z字形"的渐变深色方法，先画浅色再画深色。

也可以与色粉笔、色铅笔等工具（后文有介绍）混合使用，从而达到渐变的最佳效果。

注：这样的表现手法是上色基础，在效果图表现中要熟练、灵活地运用。

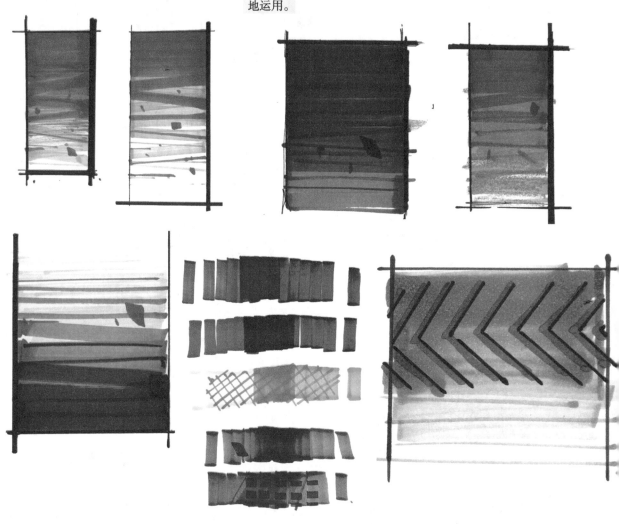

## 2.1.5 "控制" 马克笔

马克笔笔触的练习，就是控制下笔力度的过程。控制笔头落在纸面上要"平稳"，控制笔尖在纸面上的"角度"，控制笔在纸面上的运行的"方向、力度、速度"。

一笔画过纸面，想在哪个位置停下，就能在哪个位置停。在线稿范围内颜色不会画出去，也不会画少，这就需要逐步适应控制马克笔的下笔力度和行笔速度来实现。

注：马克笔就是手指的延伸，刻画形体就像用手指去触摸形体一样。

## 2.2 色铅笔

### 2.2.1 色铅笔和画纸介绍

色铅笔又称彩色铅笔，因其方便、快捷、简单、容易掌握、色彩丰富、效果好等特点，成为广泛流行的快速绘图工具之一。色铅笔能刻画出多样有机理的线条与色块，画面层次感与空间感表现强烈。

#### 画纸

粗糙的纸张容易着色，表现效果强烈粗犷，如水彩纸、素描纸等。

光滑的纸张不容易着色，表现效果细腻、柔和，如打印纸、白卡纸等。

### 2.2.2 色铅笔的笔触

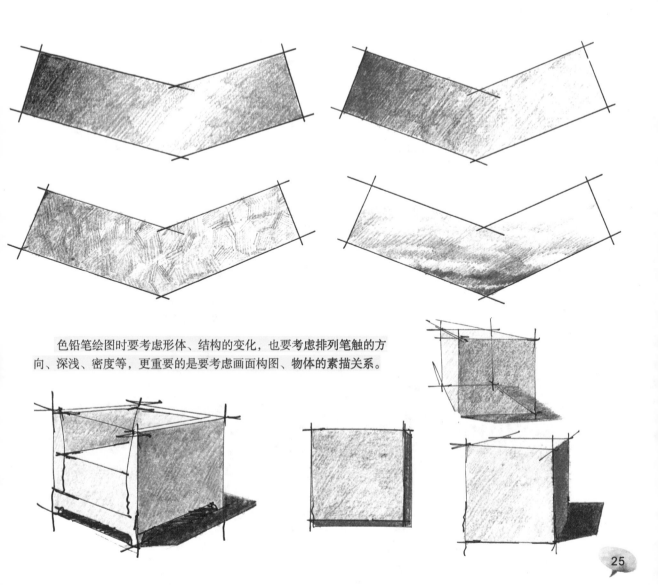

色铅笔绘图时要考虑形体、结构的变化，也要考虑排列笔触的方向、深浅、密度等，更重要的是要考虑画面构图、物体的素描关系。

# 2.3 色粉笔

## 2.3.1 色粉笔介绍

色粉笔是比较常见的绘图工具。一般分软色粉笔和硬色粉笔，软质色粉笔颗粒细腻，容易着色，没有笔触的痕迹；硬质色粉笔耐用，直接画在不同纸上会有明显的笔触痕迹。

色粉笔在手绘效果图中能起到重要辅助作用，主要用于表现大面积的天空、水体、墙体等。

## 2.3.2 色粉笔技法

色粉笔用刀刮下粉末后，再用软纸巾或棉花揉擦，这样可以把色粉笔融入到画纸内（可以长时间保存）；同时可以让多种颜色的色粉笔多次重叠使用，色彩的过渡也更加丰富、微妙、自然。

### 范例：地砖

步骤一：在线稿的基础上用色粉笔涂抹，使色粉笔均匀地涂抹在画面上。要防止色粉笔涂抹到线稿外，可以用纸或胶带遮挡。

步骤二：最后收尾工作，用白色高光笔勾画砖块的缝隙。

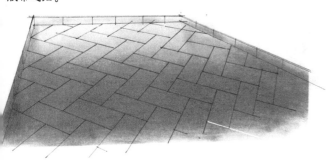

### 2.3.3 色粉笔与马克笔结合

色粉笔可以弥补马克笔表现渐变效果的不足与填涂大面积颜色不均匀的问题；同时色粉笔的表现速度非常快，技法容易掌握。

## 范例：砖块

步骤一：用色粉笔整体涂抹（不要画到线稿外面），使色粉笔均匀地覆盖砖块的亮面与暗面。

步骤二：用同色系的深色马克笔画砖块的暗部，用浅色马克笔画灰面与亮面（顶面），马克笔的运笔方法是随形体运笔。

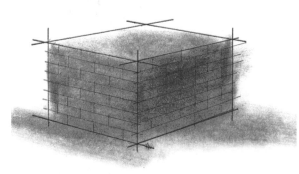
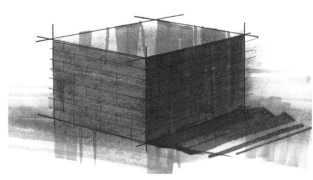

步骤三：用白色高光笔勾画砖缝。

# 2.4 勾线基础技法

## 2.4.1 勾线工具介绍

　　勾线笔可以是针管笔、钢笔、碳素笔、会议笔、铅笔等任意可以画线的笔。是练习线条、线稿的重要工具。而线稿是画好图的关键因素，可以说"线稿是形体，色彩是着装"。

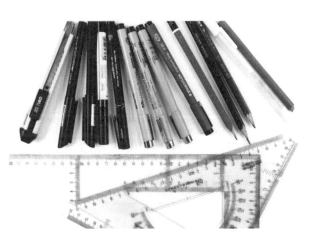 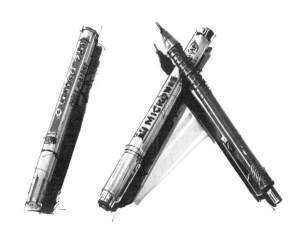

## 2.4.2 线条练习

　　线条练习首先要做到能画出横平、竖直的线条。

　　但是只练习单根横、竖线条用处不是很大，因为我们画的是形体，而不是线条。

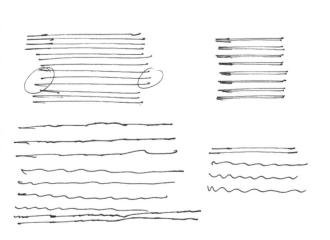 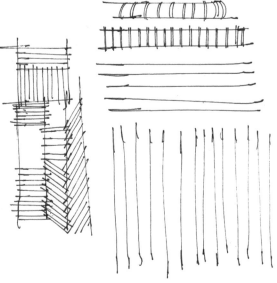

徒手画"米字格"训练

①画一个5cm×5cm的正方形，在正方形的一边线上约1/2处，画出平分正方形的直线。可以得到"田字格"的形状，画好"田字格"后再画"米字格"。

②在"田字格"中对角连线，这样线条刚好相交于中心点。这样反复练习徒手画"米字格"可以提高画形体的正确率，同时锻炼眼、手、脑的协调性。

注：把正方形旋转90°或180°后观察，可以知道是否是正方形。这种方法也可以随时检查自己画的是否正确。

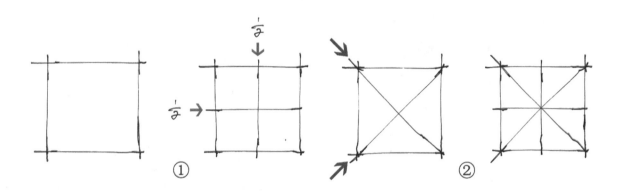

不要画矩形，因为矩形不能准确地检查所画图形是否正确（没有一个方便、快捷、直接的评判标准）。

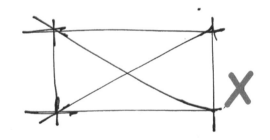

徒手画"扇形"训练

"扇形"训练是练习画斜线的变化。
①先画一条横线，再画一条竖线得出两等份。
②画出已知2等份后，再画4等份、8等份、16等份等。
注：画直每条线段。

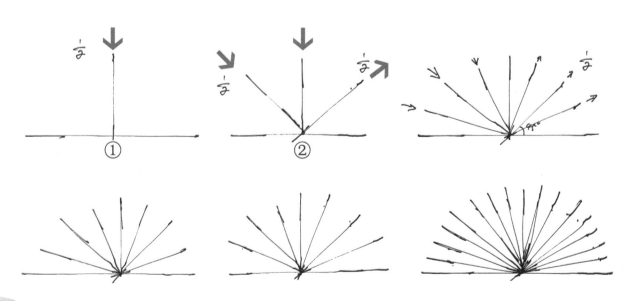

根据对角连线方法，求出纵向透视线段的平分点。再根据灭点找出画面中心的½点，就可以画出墙面的透视网格。

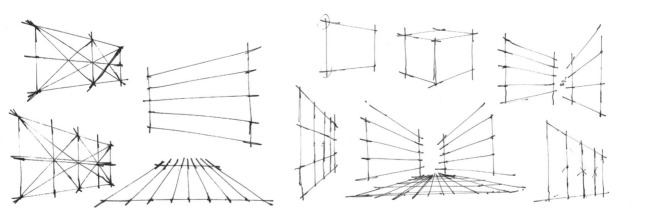

线条练习，应多练习画些有代表性的物体。
注意：在画面上画的每一条线，都应该是"经过思考过的"。

## 2.5 装饰文字样式

文字在效果图中扮演着重要的角色，可以反映空间的具体名称等信息。多数采用黑体字，在刻画时可以用铅笔画出文字的基本结构，再用勾线笔画出文字轮廓。

## Residential space

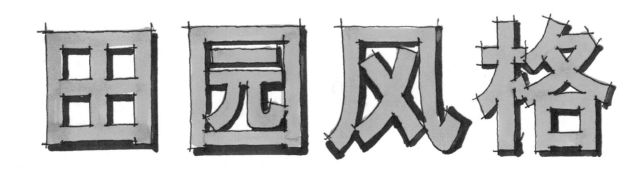

## Pastoral style

# 快题设计

Sketch design

## CHINESE STYLE

SKETCH DESIGN

FLAGSHIP

STORE

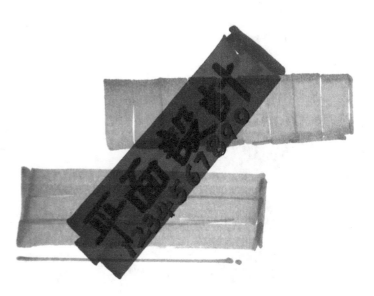

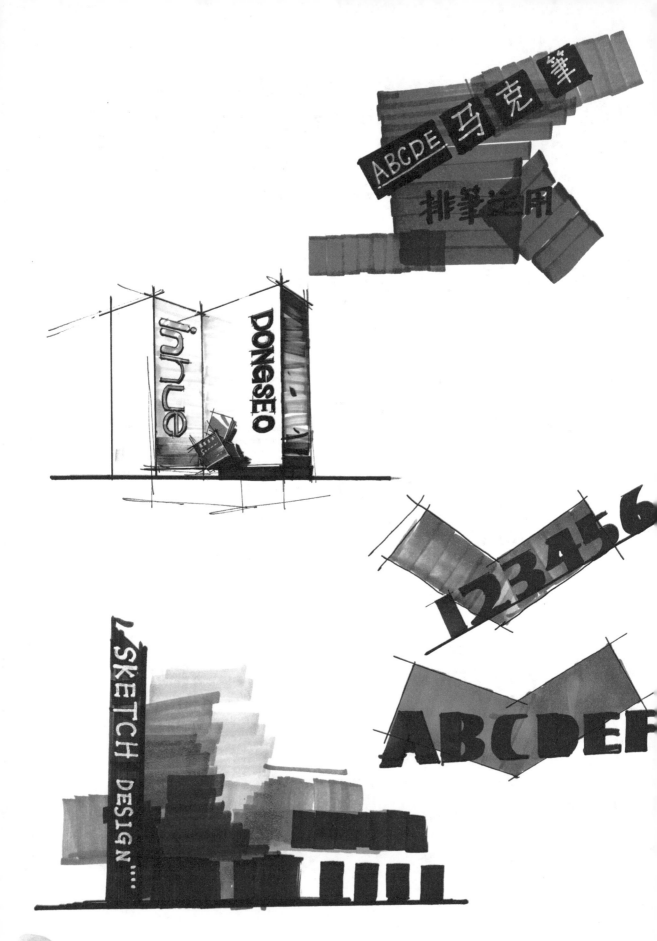

# 第3章

## 室内常见材质表现技法

# 3.1 地面表现方法

## 3.1.1 青石板材质表现

### 范例：有石台的地面

步骤一：用浅色马克笔画出石板的基本色彩(固有色)，再编排笔触表现渐变效果。

步骤二：加强明暗关系，用白色高光笔刻画石板棱角的高光。

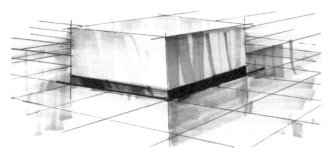
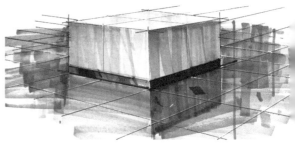

## 3.1.2 地面瓷砖表现

### 范例一：客厅一角

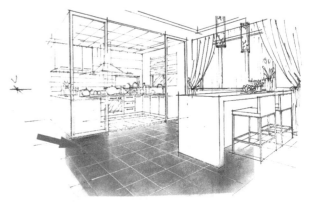

步骤一：用砖红色色粉笔铺底色，反光位置的色彩要略淡些。

步骤二：用白色高光笔勾画地砖接缝，过亮的白色可以再用色粉笔进行淡淡的覆盖。

步骤三：用同色系的马克笔画地面上的反光。落笔要平稳、肯定，运笔匀速不能有停顿。

## 范例二：酒店洗手间一角

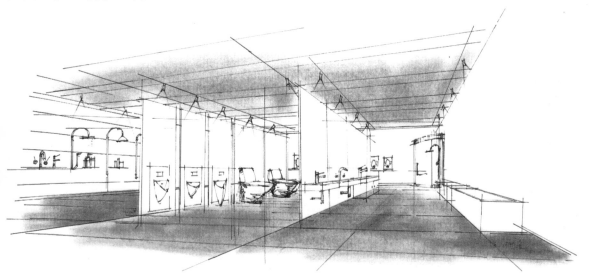

步骤一：用色粉笔铺基本色调，均匀涂抹，不要画出线稿外面。

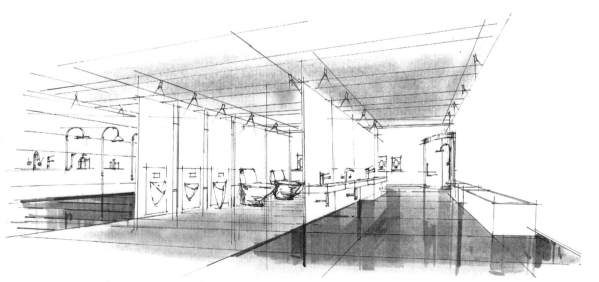

步骤二：同色系的马克笔画出地面的反光，落笔平稳、运笔均速。

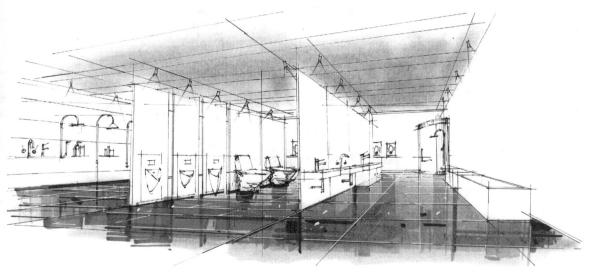

步骤三：用白色高光笔勾画地砖之间的接缝。

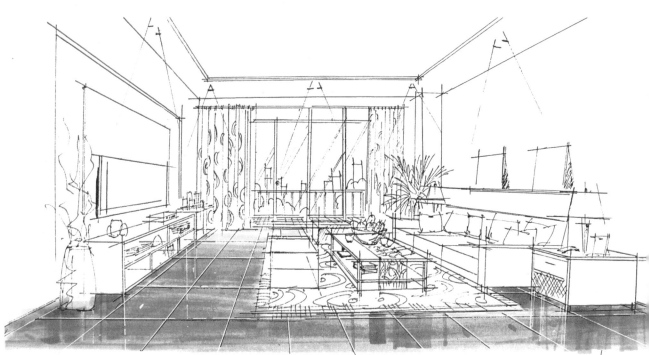

13环艺5

# 3.2 墙面表现方法

## 3.2.1 大理石墙面表现

### 范例一：大理石墙面

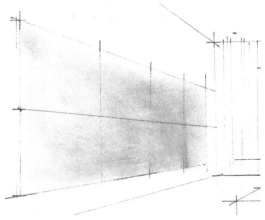

步骤一：用暖色色粉笔渐变地、均匀地涂抹，同时可以混入其他颜色的色粉笔，可使画面色彩丰富。

步骤二：用色铅笔、针管笔勾画大理石纹理，再用马克笔竖排"Z字形"笔触刻画大理石纹理的渐变。

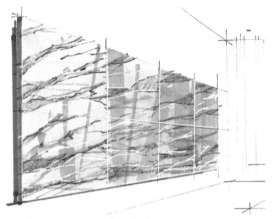

步骤三：用深暖灰色马克笔画大理石的投影、白色高光笔画大理石的纹理与接缝处。

### 范例二：大理石方柱

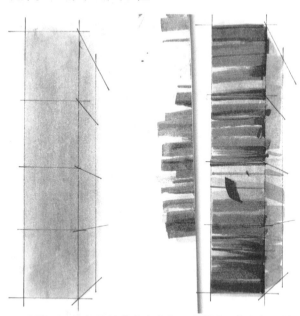

步骤一：根据石柱的基本色调，用绿色+黄色色粉笔调和成所需的颜色，均匀地填涂到石柱上。

用橄榄绿马克笔横向画出大理石柱的暗面色彩。注：为了不让颜色画出线稿外，可以用纸在接缝处进行遮挡。

步骤二：用针管笔、马克笔、白色高光笔画出大理石纹理。纹理自然流畅、层次丰富。

步骤三：调整阶段，用绿色强调主体的空间效果。用白色高光笔画大理石接缝。

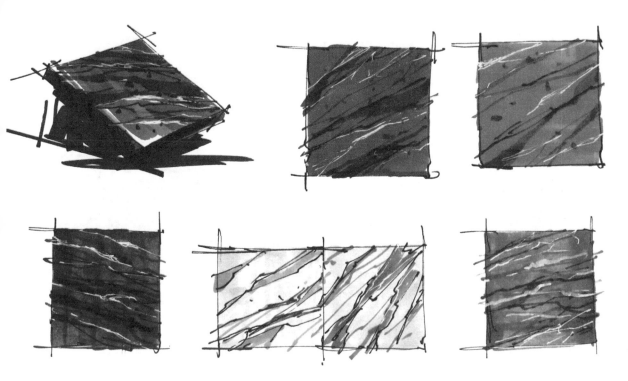

## 3.2.2 彩色瓷砖墙面表现

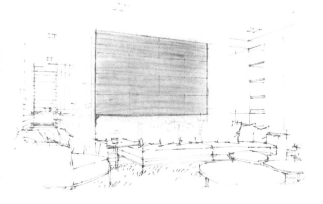

步骤一：用纸胶带遮挡瓷砖四周，不让色粉笔画出线稿。

步骤二：用马克笔笔尖快速画瓷砖细小的纹理。

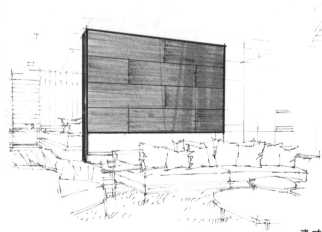

步骤三：用马克笔画"Z字形"，表示
瓷砖的渐变。再用黑色马克笔勾画边缘。

# 3.3 板材材质表现

## 3.3.1 实木地板表现

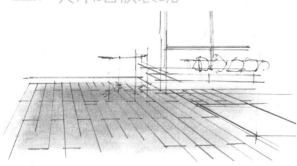

步骤一：用暗色色粉笔均匀地涂抹在线稿范围内。注：要把色粉笔充分揉擦进纸面里，色粉笔才不容易脱落。

步骤二：用马克笔横排笔、竖排笔画出地板层次、反光和墙面上的阴影等。注：马克笔落笔要干净、快速、均匀，减少过乱的笔触；反之容易把画面弄脏。

步骤三：用白色高光笔画地板条棱角上的高光。高光不能画得过多，多了容易乱。

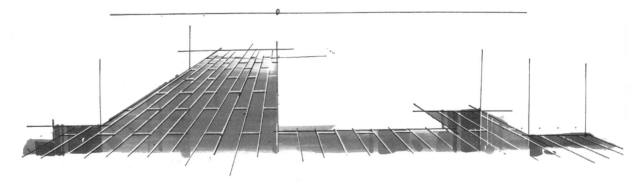

### 范例一：木质背景墙

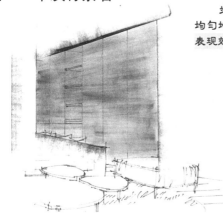

步骤一：按照木质背景墙的纹理走向，用色粉笔均匀地填涂。注意：大面积的装饰材料表面用色粉笔表现效果。

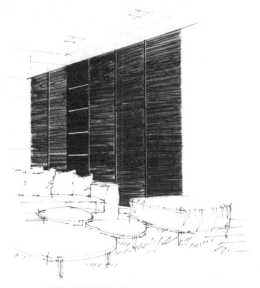

步骤二：用接近没墨水的马克笔画木质纹理（即枯笔），效果更加漂亮。可以用纸张遮挡不必画的位置。

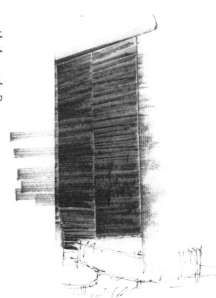

疏密的变化。注：纹理的透视变化。

### 范例二：橱柜门

步骤一：用铅笔画出柜门的基本结构，再用马克笔排笔的表现方法画柜门的底色。注：排笔要均匀平稳。

 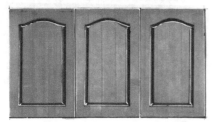  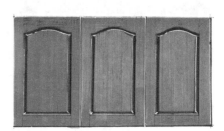

步骤二：用深色马克笔画出柜门的结构，再用白色高光笔勾画高光处。

步骤三：用细针管笔勾画细小木纹。

# 3.4 玻璃材质表现

## 3.4.1 建筑外部立面表现

### 范例：窗户

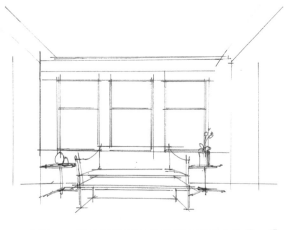

步骤一：用针管笔勾画出空间中玻璃的位置。要求透视、比例、结构正确。

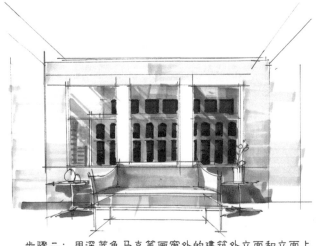

步骤二：用深蓝色马克笔画窗外的建筑外立面和立面上的窗洞。近处玻璃可用浅蓝色马克笔画斜光线。

步骤三：用白色高光笔画玻璃的亮面反光线。注：可以用直尺辅助白色高光笔来作画，运笔要从头画到尾地画，不要停顿。

## 3.4.2 建筑内部立面表现

### 范例：酒店走廊

步骤一：画玻璃内部的空间，注意空间中的透视、结构、明暗关系，先不要考虑玻璃。

步骤二：以浅蓝色马克笔表现玻璃的质感。

步骤三：用深黑色马克笔刻画玻璃里面的空间景深效果。用黑色马克笔与白色高光笔画玻璃框架上的高光。玻璃墙整体呈现出干净、通透的效果。

### 3.4.3 范画欣赏

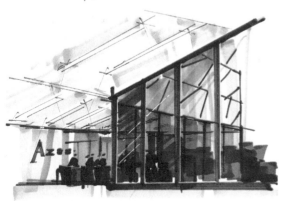

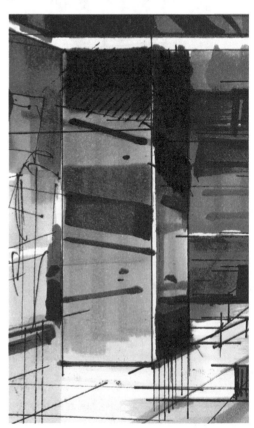

# 3.5 布艺材质表现

## 3.5.1 装饰布料表现

### 范例：屏风

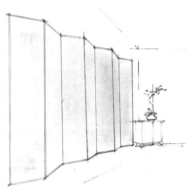

步骤一：用色粉笔画出主色调，要求色彩随着明暗关系均匀涂抹。

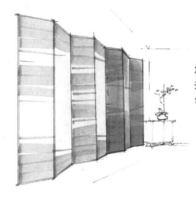

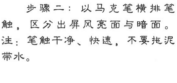

步骤二：以马克笔横排笔触，区分出屏风亮面与暗面。
注：笔触干净、快速，不要拖泥带水。

步骤三：同色系的马克笔画屏风上的山水画。注：山水画宽面与暗面的明暗变化要随屏风的形体变化。

步骤四：用黑色针管笔勾画屏风框架、投影位置，再以白色高光笔画近处接缝上的高光。

## 3.5.2 其他布料表现

### 范例：布料图样

步骤一：用铅笔画线稿。

步骤二：用色铅笔画地毯上毛茸茸的机理效果。

步骤三：用直线强调地毯的边缘。

## 3.5.3 布艺图案

面料图案应多收集，多刻画面料上的细节。注：面料上的主色与图案的变化，要统一。

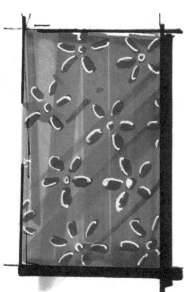

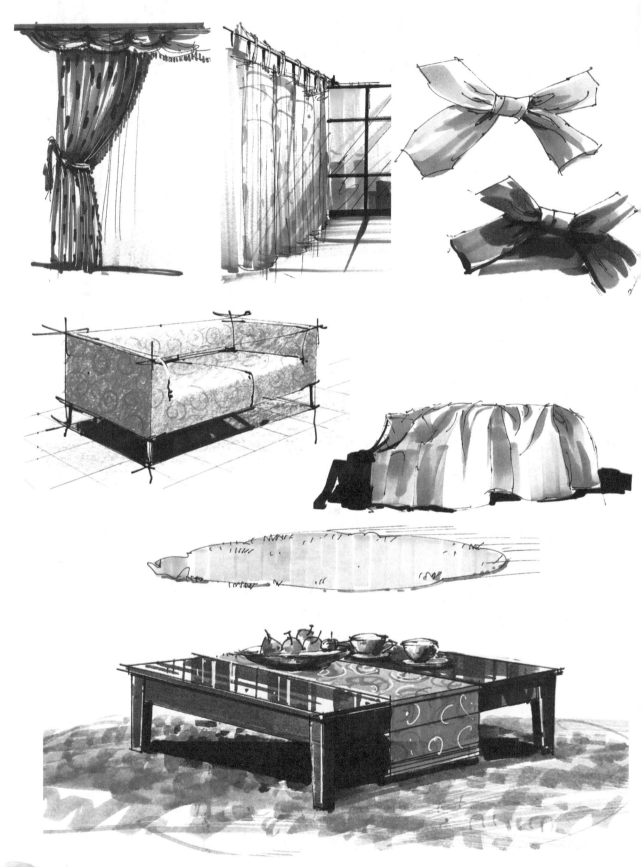

# 第4章

## 室内陈设品表现

# 4.1 床体表现

## 4.1.1 床体结构分析

1.床的基本结构分析，首先把床概括成一个简单的形体——长方体。

2.单人床的尺寸约2000mm×1200mm×450mm，双人床的尺寸约2000mm×1800mm×450mm，语言表素是长方体。

3.画好床的基本条件是——画好长方体，包括长方体的透视、比例、尺寸。

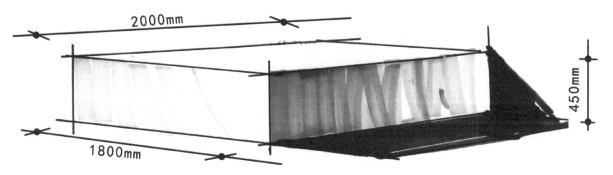

这个长方体包括了床的基本形体与透视、比例、尺寸和投影位置

视平线与床顶面重合

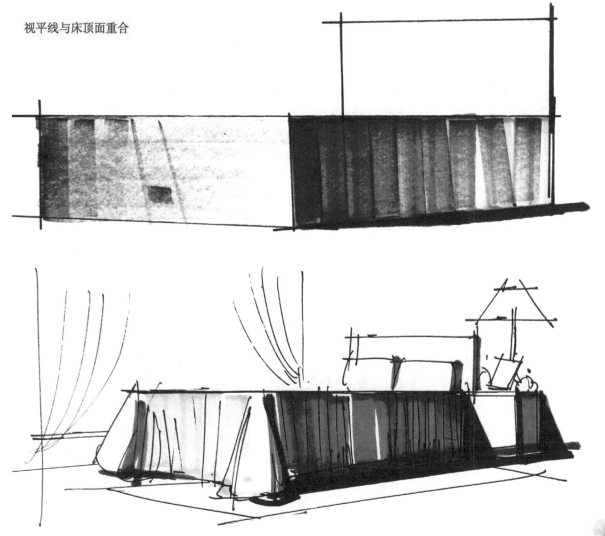

多观察、思考生活中常见床的款式、结构，充分理解形体的结构关系。

勾画床体、床罩的结构线稿。

画出整幅图的基本色调，笔触应随形体排笔。

分出床体的明暗关系，刻画细节。注：整体效果要协调。

最后强调床的暗面和投影，这样可以加强空间感。

### 范例一：结构

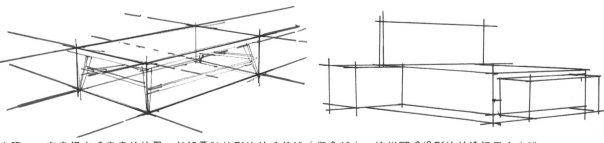

步骤一：在空间中确定床的位置，始终要记住形体的延长线（紫色线）。这样可确保形体的透视不会出错。

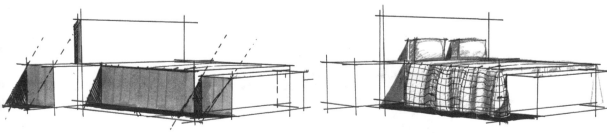

步骤二：确定形体暗面与投影，同时也确定了光源的位置。　　步骤三：分析床罩褶皱的结构，感受变化的床罩。

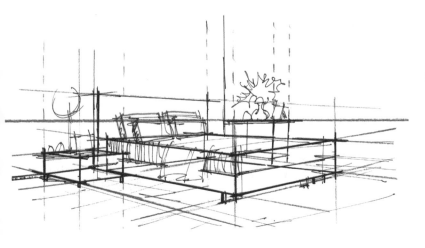

刻画细节时要牢记形体的透视线（紫色线），视平线（红色线）的存在。

画色彩时也要牢记透视线的走势，因为着色也要根据形体的透视来刻画。

## 范例二：阴影

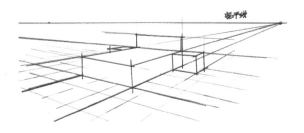

步骤一：画基本形体时，头脑中一定要有"透视网格"的存在。

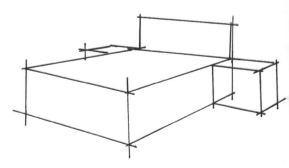

步骤二：确定床体与床头柜的比例、透视、结构关系。

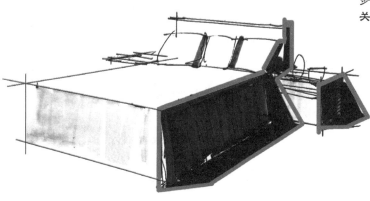

步骤三：确定床体的基本明暗关系，红圈内是暗系统（暗面、投影），其余的是明系统（亮面、灰面）。

## 范例三：褶皱

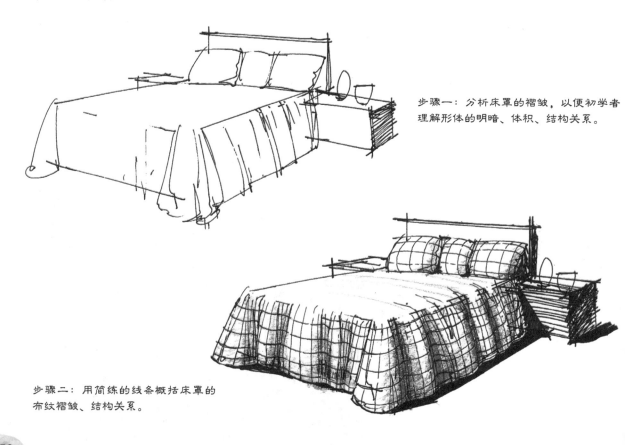

步骤一：分析床罩的褶皱，以便初学者理解形体的明暗、体积、结构关系。

步骤二：用简练的线条概括床罩的布纹褶皱、结构关系。

## 范例一：双人床

步骤一：画出床体线稿，比例、结构、透视是重点。

步骤二：以浅暖色马克笔画出床的基本色调，着色时要按照形体结构画笔触。

步骤三：地面与床头柜用同色系的色彩来表现，以达到画面色调的统一。

步骤四：刻画床罩褶皱、枕头、床头饰品的细节。

## 范例二：单人床

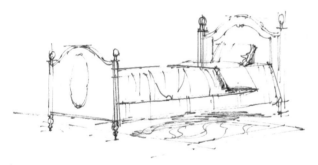

步骤一：画出单人床的基本结构、形体比例、床罩的结构。

步骤二：使用平行排笔笔触刻画床体色彩，色彩要均匀。

步骤三：刻画地毯纹理与床罩褶皱。注：落笔要准确。

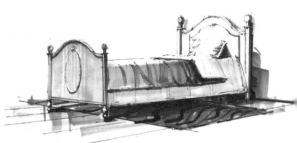

步骤四：用同色系的深色马克笔与黑色笔刻画深色区域。

## 4.1.4 中式床表现

### 范例：中式架子床

步骤一：首先画出床架与床上饰品的线稿。

步骤二：用暖色色粉笔渲染空间色调，用马克笔随形排线以刻画床上配饰。

步骤三：用深色强调画面空间效果。

# 4.2 抱枕、沙发表现

## 4.2.1 抱枕结构解析

1. 把抱枕理解、概括成长方体，这样可以更准确地掌握抱枕的透视、比例。
2. 观察、理解抱枕形体表面的弧度，绘画时要体现出布料表面的张力。
3. 效果图只能表现出抱枕的局部（或是一个面），所以需要有空间想象能力。可以把抱枕想象成"被拉扯的气球"。

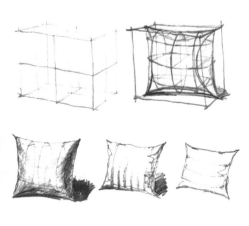 

## 4.2.2 抱枕绘制实例

### 范例一：单体抱枕

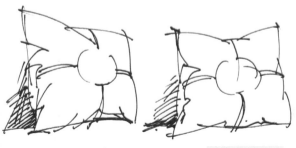 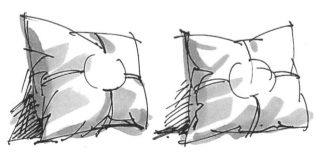

步骤一：画出抱枕的形体，线条简练，要用"透视"的眼睛观察形体。

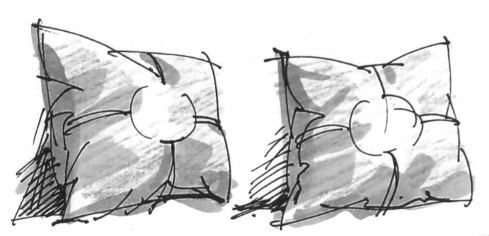

步骤二：分析抱枕的形体结构、透视，随形运笔表现抱枕的弧度。

步骤三：加深形体暗面与投影，可以增加立体效果。 步骤四：调整、过渡色块，完成绘制。

## 范例二：组合抱枕

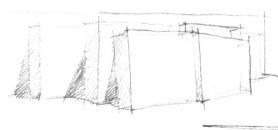

步骤一：多个抱枕叠加在一起时，不但要考虑形体结构、透视，更要注意到形体之间的比例、透视关系等。

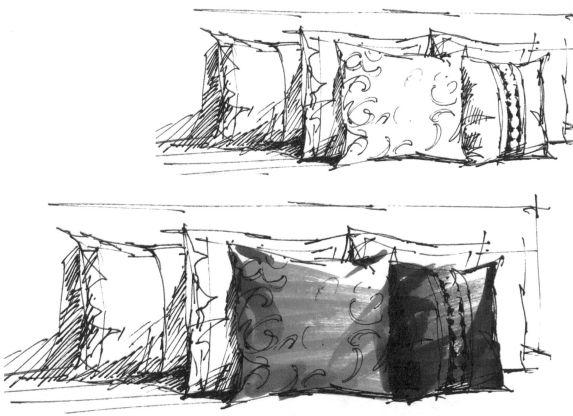

步骤二：着色要随形体结构运笔，头脑中始终要有抱枕的形体——"一个被拉扯的气球"。

步骤三：刻画后面抱枕的形体，注意抱枕的前后透视关系。

步骤四：以暖色色调作为组合抱枕的主色调。

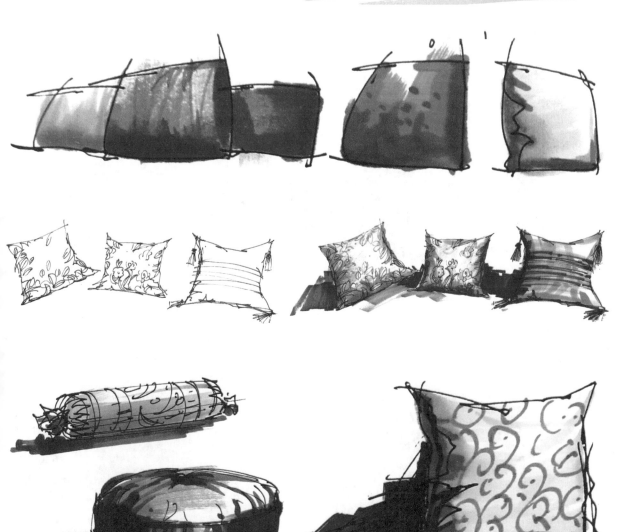

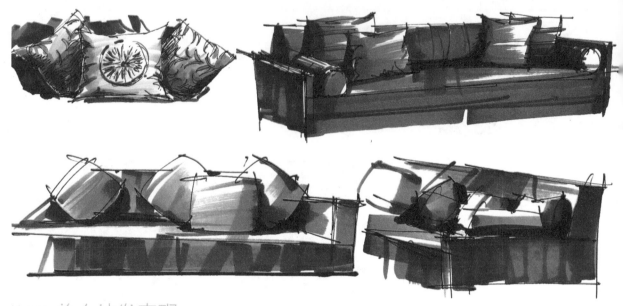

### 4.2.3 单人沙发表现

先要把单人沙发概括成方体（包括正方体、长方体），这样能准确地表现出方体的任意角度、明暗关系和表达手法

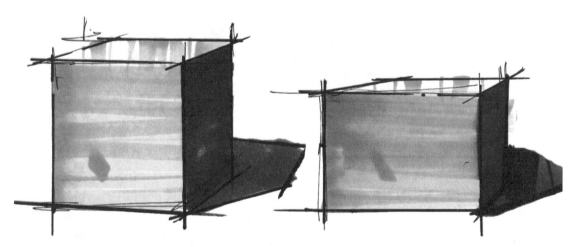

灵活应用"加、减方法"把多余的形体"减掉"，沙发（本例中的沙发以方体呈现）就表现出来了。

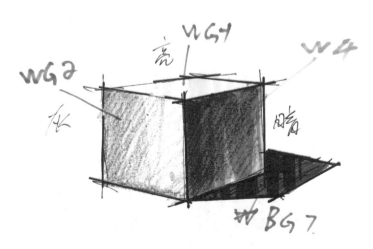

## 4.2.4 双人沙发表现

充分理解双人沙发的形体特征、结构、透视和比例，以找到沙发的形体特征。

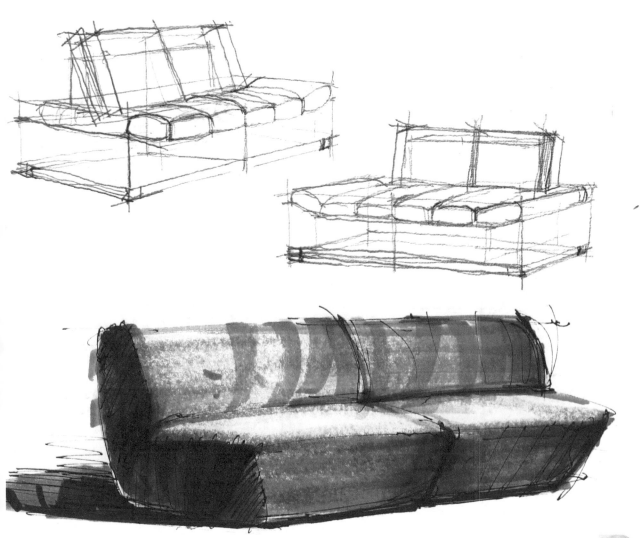

在长方体的基础上刻画沙发的细节。

## 范例一：一点透视——沙发

步骤一：快速表现线稿，注意沙发的整体形象、体积感，线条要流畅自然。

步骤二：以褐色作为沙发的主色调，按照随形运笔的方法表现形体色彩。

步骤三：添加环境色，要与主色调协调一致。

步骤四：用同色系的深色或黑色马克笔强调投影位置，黑色面积不要画得过大。

# 范例二：两点透视——直角沙发

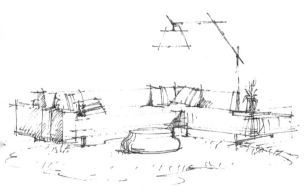

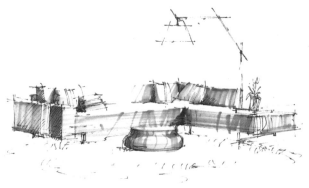

步骤一：画准沙发形体的透视、比例，线条要流畅自然。

步骤二：以暖灰色马克笔画出沙发形体的基本明暗关系，线条应快速、流畅。

步骤三：画出投影和细节色彩，白色沙发不能画得太黑，表现出形体结构即可。

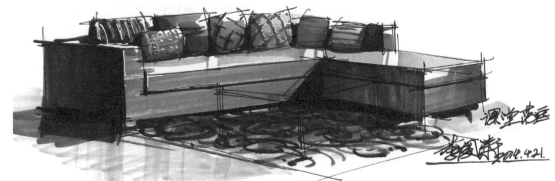

# 范例三：两点透视——弧形沙发

步骤一：表现弧形沙发重点是弧形的透视。线条弧度要准确、流畅，沙发整体形象要自然。

步骤二：以浅黄色马克笔铺底色，运笔"干净、整洁"，避免反复涂抹。

步骤三：加深色彩，强调沙发形体的空间关系。 步骤四：以冷色背景反衬主体沙发色系。

## 4.2.5 组合沙发表现

### 范例：会客厅沙发组合

步骤一：快速画出空间透视图，要求透视、比例、结构正确。

步骤二：画整体色调，多个物体在一起时，会相互影响沙发的色彩。

步骤三：丰富画面的色彩，白色的沙发不要画黑了。

步骤四：强调沙发与地面的衔接处，以强调空间感。

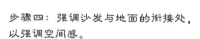

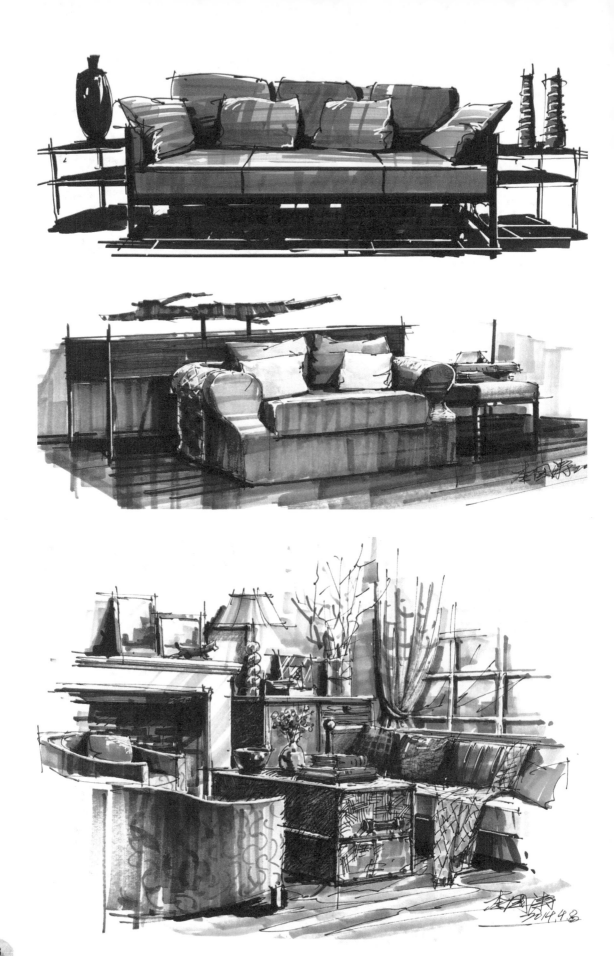

# 4.3 椅子表现

## 4.3.1 椅子结构分析

　　表现椅子要先理解它的结构，以及椅子不同角度的比例、透视变化，再逐渐掌握从简单结构到复杂结构椅子的形体变化。

　　画椅子先要找到它的"基本形体"，再将其概括成"简单体块"，并思考整体的明暗关系。

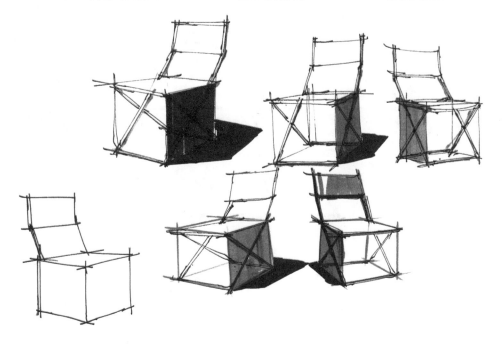

表现折叠椅的简单思路——方体立面上的对角连线。

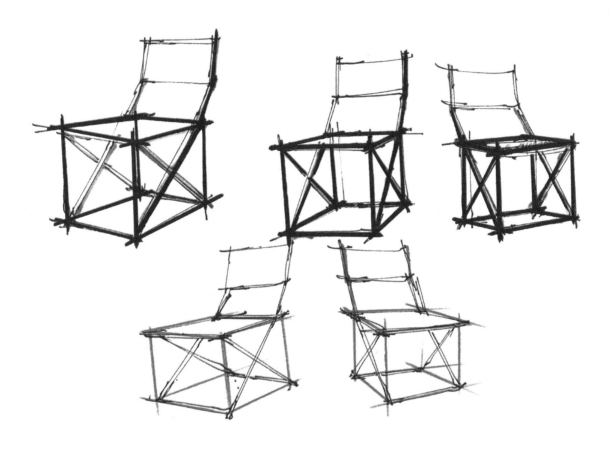

下面图是椅子的固有形象，用简练的线条来表现。

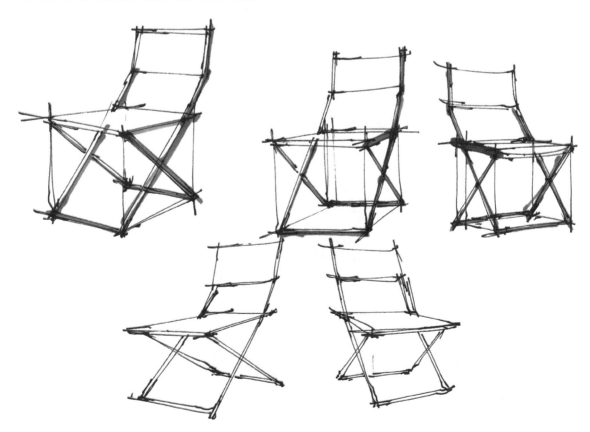

## 范例一：欧式单人靠椅

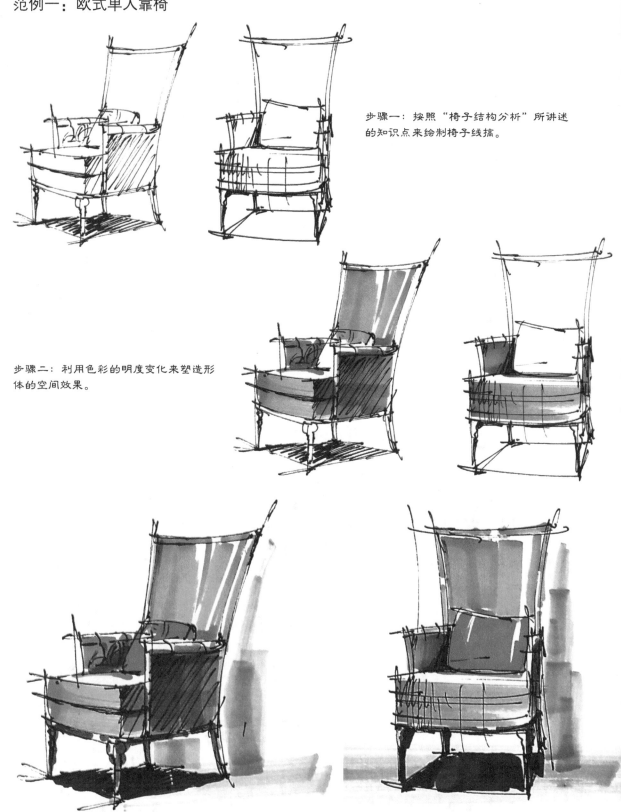

步骤一：按照"椅子结构分析"所讲述的知识点来绘制椅子线搞。

步骤二：利用色彩的明度变化来塑造形体的空间效果。

步骤三：色彩不要画到线稿外面去，要随形运笔排线，用深暖灰色马克笔表现投影。

## 范例二：中式简约对椅

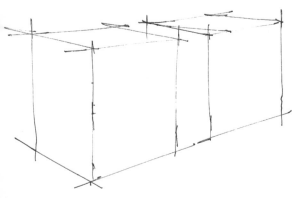

步骤一：把椅子概括成两个方体，思考透视、比例是否正确。

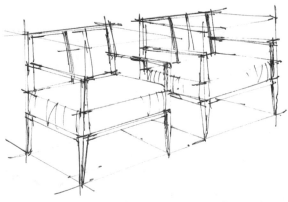

步骤二：用"减法方法"刻画出椅子的具体形象，扶手、椅背等结构的透视、比例要准确。

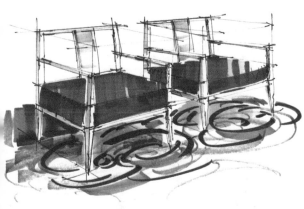

步骤三：用马克笔画出画面的基本色调，要求用笔熟练，下笔平稳、准确。

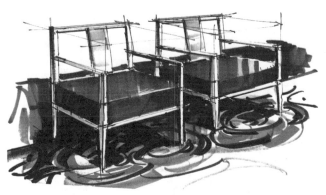

步骤四：用马克笔表现形体时，用笔要注意"宁方勿圆"。

## 范例三：休闲对椅

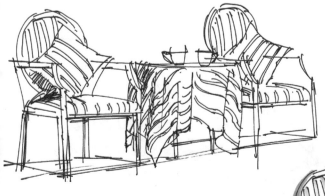

步骤一：用蓝色表现面料色彩，按照纹理结构填色。

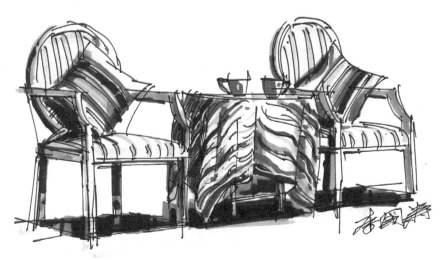

步骤二：用深蓝色马克笔加重形体的暗面。再用黑色马克笔加重地面投影。

## 4.3.3 曲面椅子结构分析与表现

　　面对曲面椅子首先要理解、分析曲面结构、弧度大小。椅子角度不同弧度的大小千差万别。

　　表现弧面椅子首先在透视、比例、结构的基础上分析、理解曲面的弧度与转折，用心体会形体的弧度（多观察椅子）。

　　下面画出椅子的结构网格分析图，有助于分析形体的走势。效果图只能看到局部，所以要加上主观分析，要有一双"透视的眼睛"。

马克笔在运笔时，是根据曲面"网格分析"为依据来表现弧面椅子的（或呈现圆柱体或呈现球体）结构。

这是理解、分析、概括，简化线条后画出的线稿效果图。

把复杂的椅子分析、概括成简单的梯形。

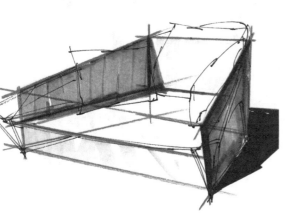

把形体概括成简单的线条，要求透视、比例、结构正确。

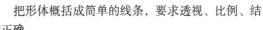
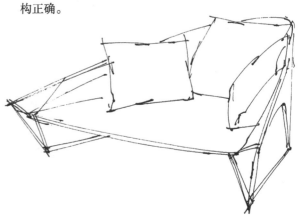

画色彩时要分析弧面网格形体，沿着弧面网格塑造体积。

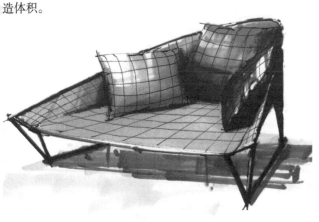

最后完整的效果。

## 范例一：中式传统禅凳

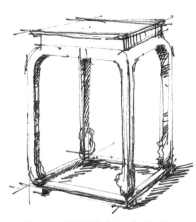  

步骤一：可将禅凳概括成长方体，并在长方体中进一步刻画出具体形象。

步骤二：用木质色作为中式家具的基本色彩，高光处可以留白，色彩不要画出线稿。

步骤三：强调明暗、投影，使画面更有空间感。

## 范例二：中式传统太师椅

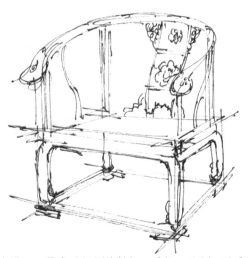 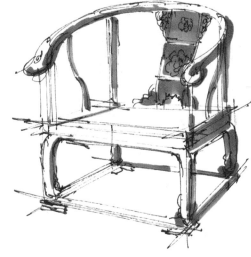

步骤二：用色彩明度区分出太师椅的明暗关系，用浅色马克笔画出太师椅的暗面，注意留白。

步骤一：思考分析形体结构、透视、比例，注重弧度要准确。

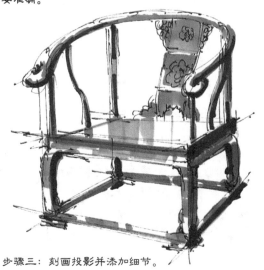 

步骤三：刻画投影并添加细节。

步骤四：添加阴影，完善细节。完成绘制。

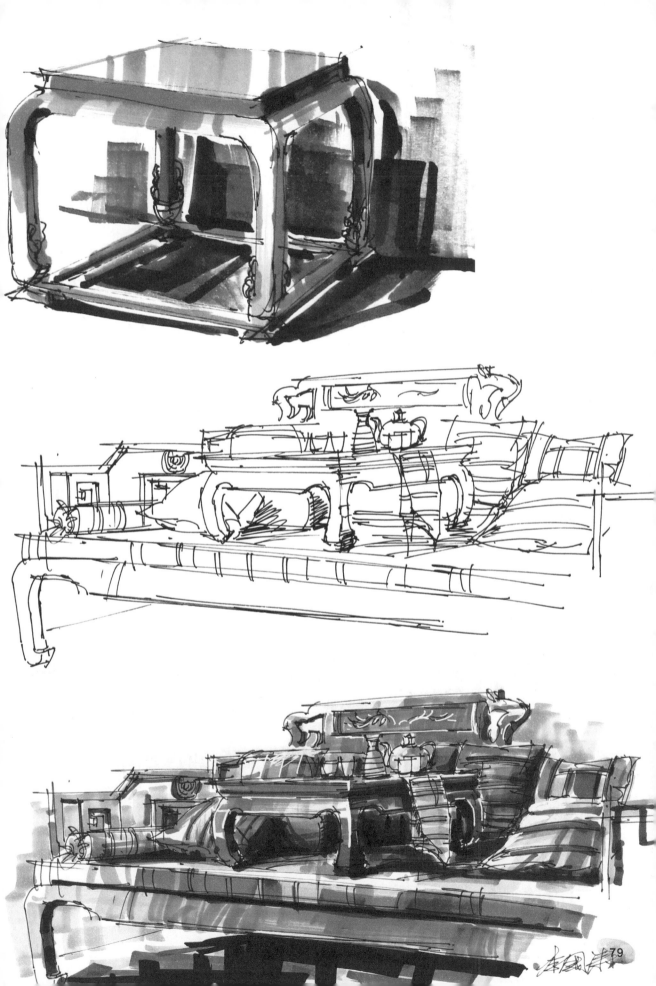

# 4.4 茶几表现

## 4.4.1 茶几结构分析

　　了解形体、分析结构，掌握茶几结构的来龙去脉，在表现时就能得心应手。

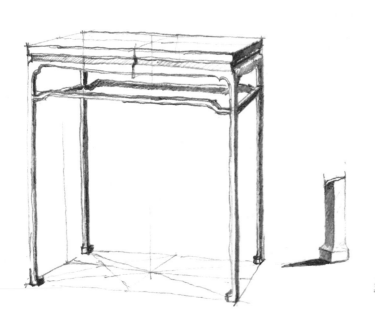

　　茶几的绘画过程是先整体再到局部，由简到繁。

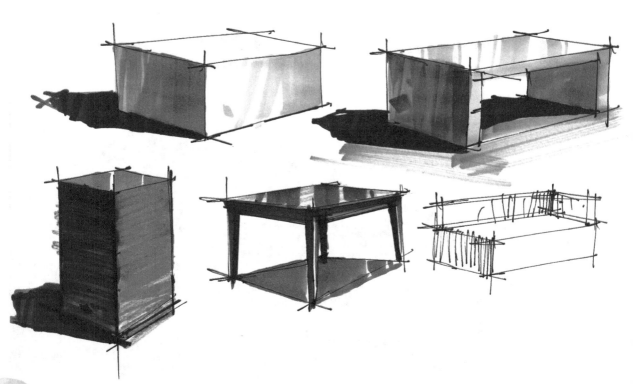

茶几的基本形体分析与思考。注：茶几形体的透视，茶几自身与环境的透视。

明暗系统分析，亮面、灰面、暗面要分清。

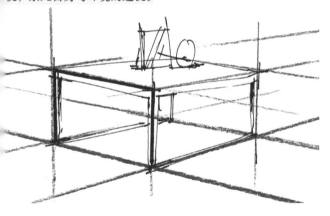

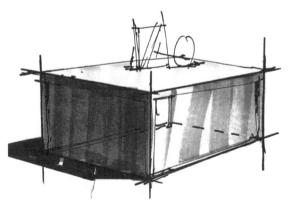

茶几形体与投影分析，思考投影的透视变化。

用勾线笔快速、流畅表现茶几形体。注意其透视、比例、结构的变化。

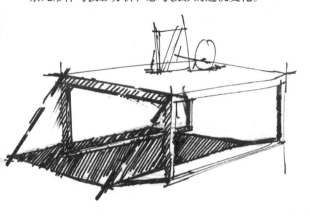

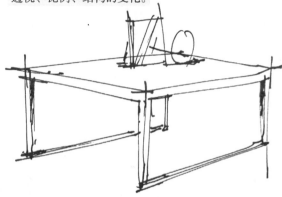

把茶几概括成简单的长方体，能更准确地理解、把握透视与比例。

要注意（紫色的）透视延长线，绘图时始终都要牢记透视线的存在。注：透视线容易被忽视。

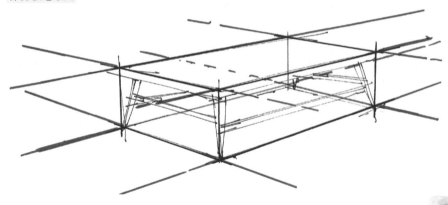

概括地表现茶几的线稿。

在着色时同样要注意整体的明暗关系，形体透视、投影透视。

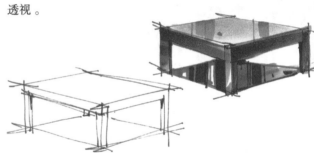

## 范例一：立方体茶几

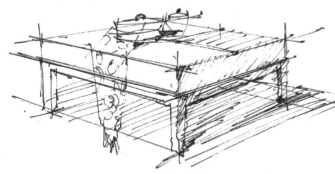

步骤一：勾画线稿时注意茶几的形体，线条要灵活生动。

步骤二：整体着色，笔触随形体结构来表现。

步骤三：刻画细节，整体调整（亮的地方要亮、暗的地方要暗）。

## 范例二：长方体茶几

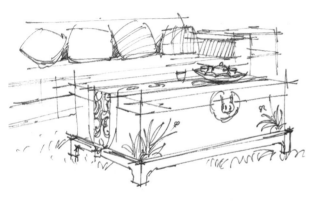

步骤一：茶几整体透视正确，线条流畅。茶几上的装饰物要刻画得生动、自然。

步骤二：用94或97号木质色马克笔画第一遍色彩，要随形

步骤三：在茶几上添加环境色，使色彩丰富。

步骤四：加深投影，提亮高光。画面色彩要统一。

## 范例三：组合茶几

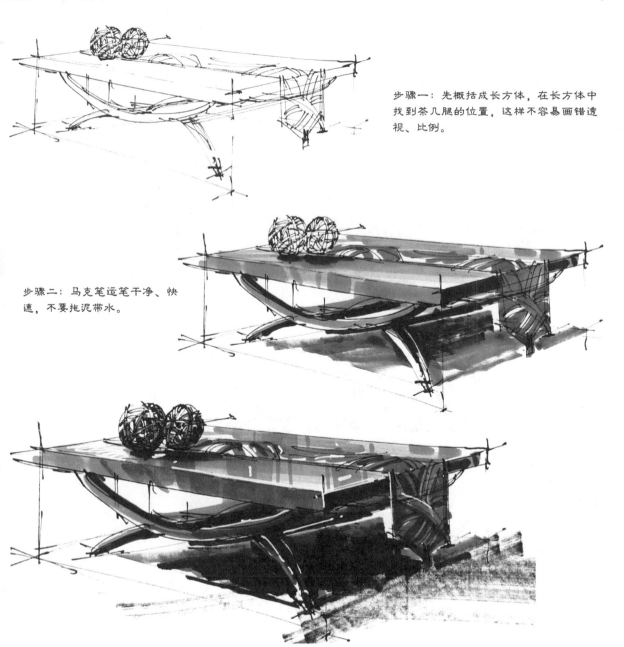

步骤一：先概括成长方体，在长方体中找到茶几腿的位置，这样不容易画错透视、比例。

步骤二：马克笔运笔干净、快速，不要拖泥带水。

步骤三：加重投影，提亮棱角上的高光。

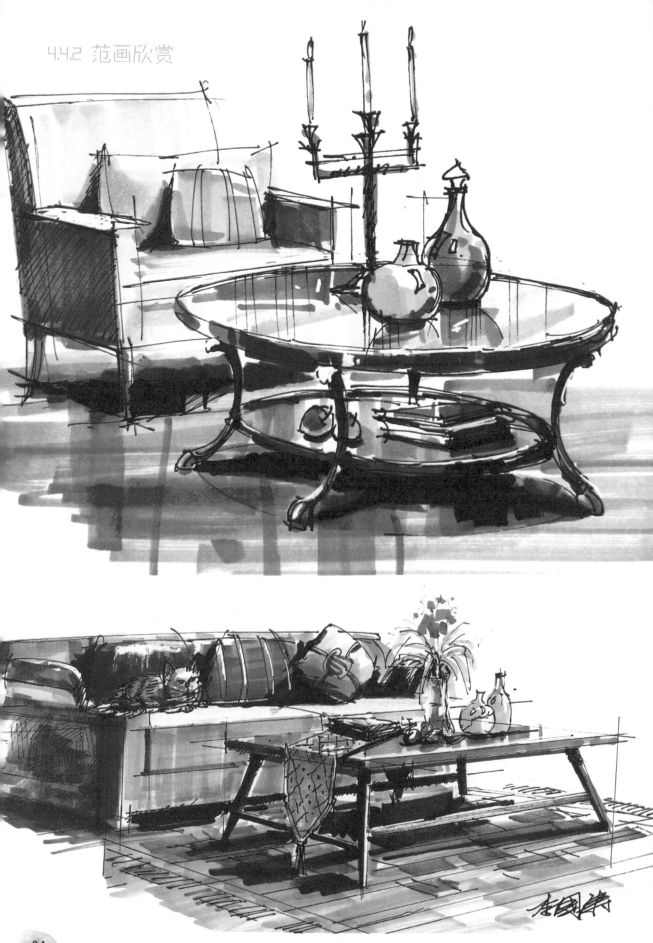

# 4.5 窗帘表现

## 4.5.1 窗帘褶皱分析

窗帘布料的褶皱分析图，要先理解、思考其结构，再画出布料上的经纬网格线以表现形体。

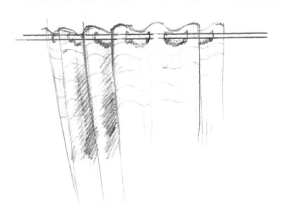 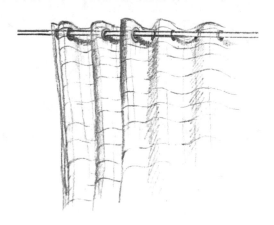

画出布料上的经纬网格，有助于理解布料的空间感，也有助于表现布料的形态、结构。

如果不画出经纬网格，心中也要有经纬网格线，才能更好地表现出更加立体、自然的窗帘效果。

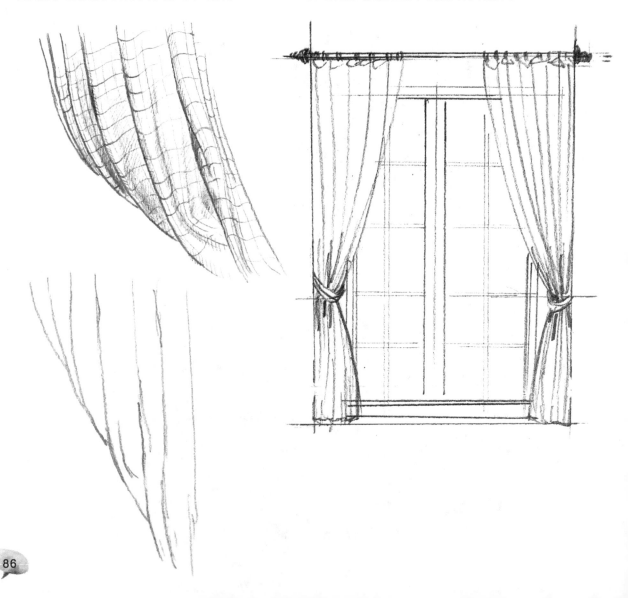

窗帘扎起来的地方要仔细观察、研究、分析。理清缠绕的结构，就能画明白了。

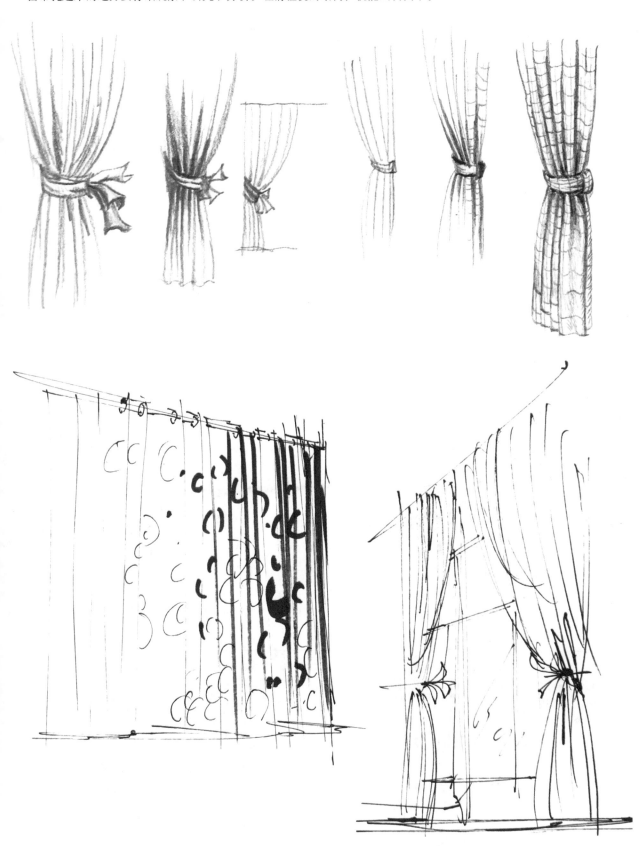

窗帘上图案要随着褶皱的变化而变化，或稀疏或稠密。

### 范例一：垂直帘

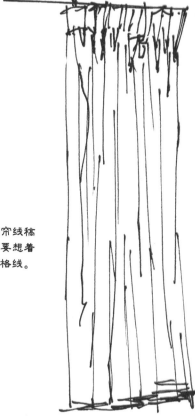

步骤一：画窗帘线稿时，心中始终要想着窗帘上经纬网格线。

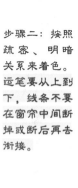
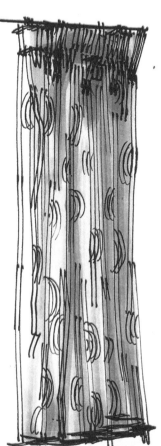

步骤二：按照疏密、明暗关系来着色。运笔要从上到下，线条不要在窗帘中间断掉或断后再去衔接。

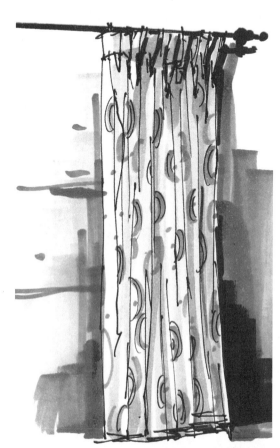

步骤三：刻画窗帘上的图案，窗帘上圆形的图案要根据透视与遮挡关系而变化。

## 范例二：床幔

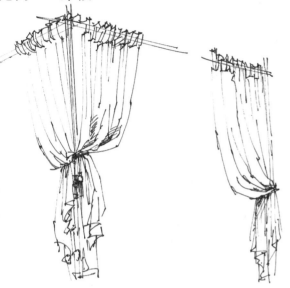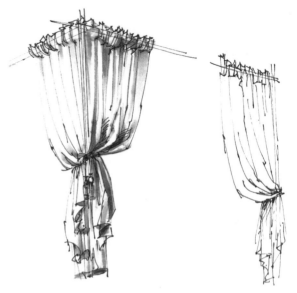

步骤一：注意窗帘的结构与透视，线条流畅自然。

步骤二：着色时下笔肯定、大胆，白色的窗帘色彩不要画得浪黑。

步骤三：布料是比较柔软的材质，表现时要有轻巧、柔软效果。

## 范例三：组合帘

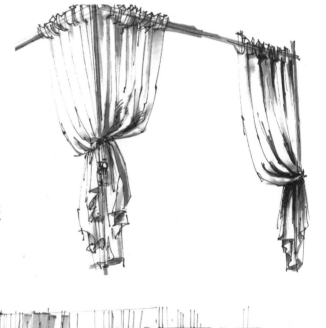

步骤一：厚重、宽大的窗帘，要注意整体的透视变化。表现手法与整幅画面相统一（线稿、色调）。

步骤二：随形运笔着色，要思考褶皱的结构变化。

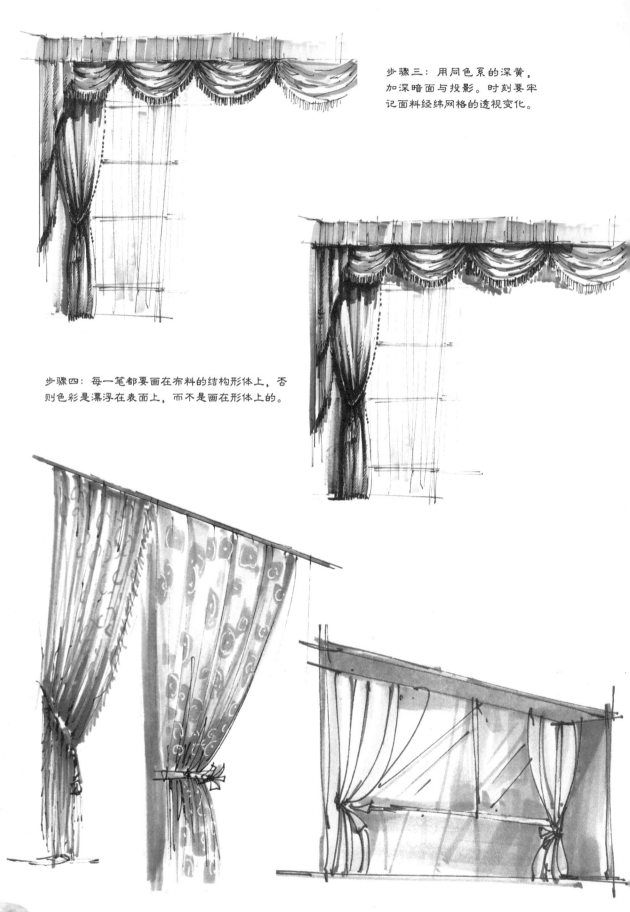

步骤三：用同色系的深黄，加深暗面与投影。时刻要牢记面料经纬网格的透视变化。

步骤四：每一笔都要画在布料的结构形体上，否则色彩是漂浮在表面上，而不是画在形体上的。

# 4.6 灯具表现

## 4.6.1 灯具结构分析

台灯多数是圆柱、圆台、棱台、球面等中轴对称的形状构成，理解形体结构、透视规律才能准确地表现台灯。

根据圆柱体原理画出台灯灯罩结构分析图（与结构素描相同），注意其透视、比例、结构的不同。

台灯的左右对称原则，通常灯架、灯罩是沿中轴线画出左右对称的形状。

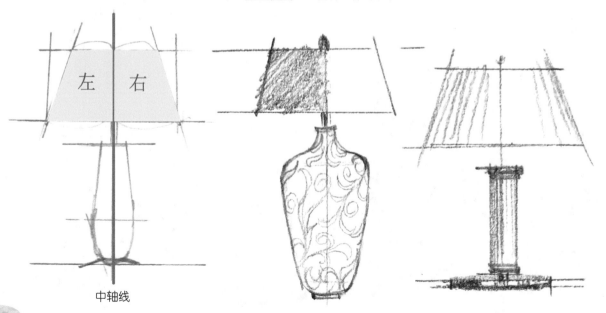

左 右

中轴线

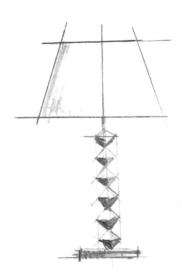

## 4.6.2 灯具绘制实例

### 范例：中式吊灯

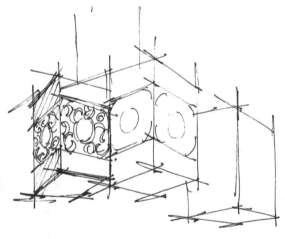

步骤一：画出吊灯的基本形状——长方体，在长方体上刻画图案。

步骤二：画出灯罩的基本色彩，红色勾画图案、白色提高光。

## 4.6.3 灯具线稿练习

徒手表现台灯线稿，要特别注意台灯是否左右对称。注：可先画一条中轴线，作为参考线。

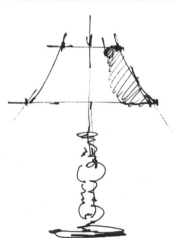

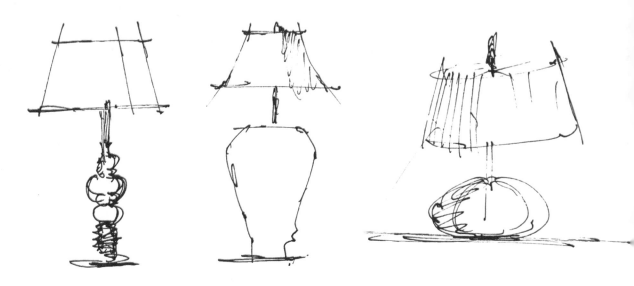

台灯着色，始终围绕着形体结构来表现。

## 4.6.4 范画欣赏

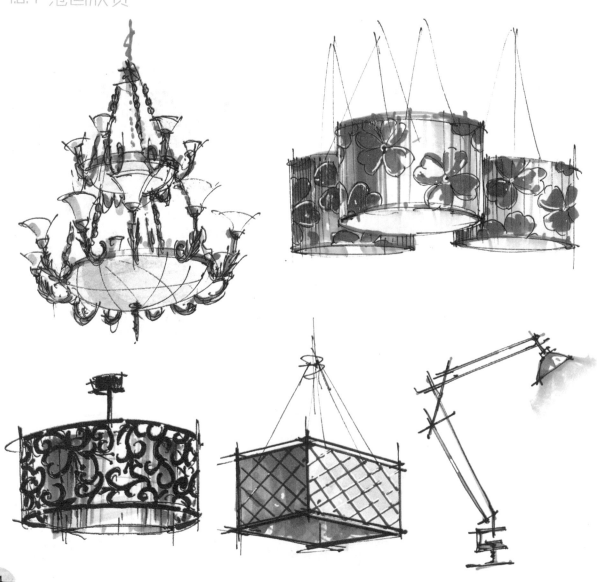

## 4.7.1 室内植物结构分析

室内植物结构分析图。

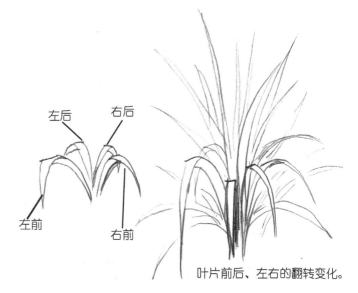

左后　　右后

左前　　右前

叶片前后、左右的翻转变化。

### 范例一：桌上植物1

步骤一：先画出左右翻转的植物主要的叶片。注：叶片要根据自然生长轨迹、方向变化来绘制。

步骤二：用浅绿色马克笔画植物的叶片亮面，用深绿色马克笔画叶片的暗面。

步骤三：花盆用蓝色马克笔按照圆柱体的结构表现，分析花盆的结构变化。

### 范例二：桌上植物2

步骤一：掌握叶片的翻转结构，整体花形注意左右均衡。

步骤二：以浅绿色作为正面叶片的底色，叶片上绿色不能画得过满，要留有空隙。

步骤三：用深绿色马克笔画叶片的暗面。花盆按照圆柱体的结构表现。

步骤四：添加投影，红花也不要画满，要留有空白。

## 4.7.4 室内落地植物绘制实例

### 范例一：落地植物1

步骤一：分析叶片的走势与翻转状态。

步骤三：加深叶片的暗面与投影，刻画圆柱体的花盆。

步骤二：用浅绿色马克笔画叶片，同样不能把绿色画得过满。注意叶片形体的结构、翻转变化。

# 范例二：落地植物2

步骤一：注意叶片的翻转、走势，线条流畅自然。

步骤二：用不同明度的绿色马克笔表现出叶片的明暗效果。用浅绿色马克笔画叶片的亮面，注意留白。

步骤三：用深绿色马克笔加深叶片的暗面。

步骤四：圆柱体金属的花盆，注意金属质感的表现。

# 4.8 装饰品表现

## 4.8.1 小·雕塑结构分析

　　小雕塑在室内空间中起到装饰、丰富画面的作用。其结构简单，表现时要求线条简洁、形象生动，在画面中要服从整体。

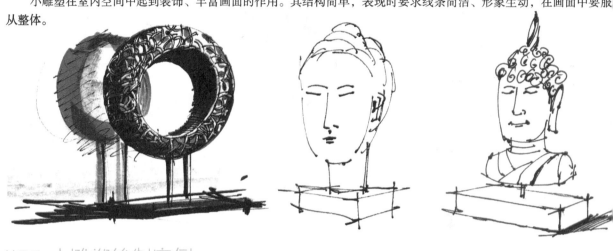

## 4.8.2 小·雕塑绘制实例

### 范例：帆船

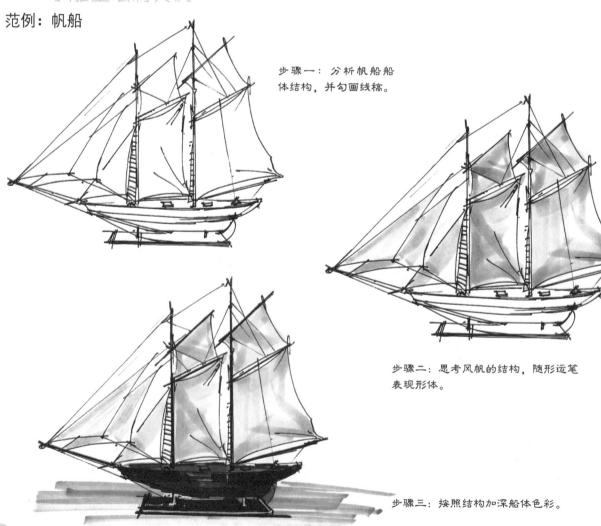

步骤一：分析帆船船体结构，并勾画线稿。

步骤二：思考风帆的结构，随形运笔表现形体。

步骤三：按照结构加深船体色彩。

### 4.8.4 桌面小·摆件结构分析

面对不同的桌面小摆件，同样以分析物体内部结构入手，有助于画好饰品的形体特征，以准确地表达创作意图。

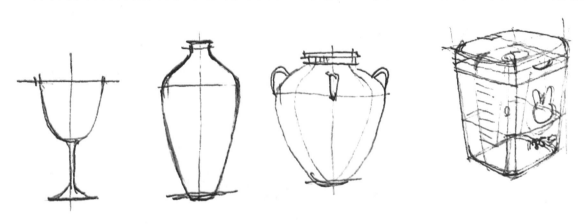

下图为壶结构解析图，绘制重点是左右对称、左右"重量"相等。

## 范例一：茶杯

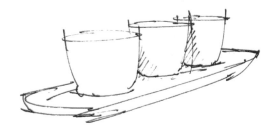

步骤二：用浅蓝色马克笔表现圆杯，随形体结构笔画笔触。

步骤一：注意形体的透视变化，要中轴对称。

## 范例二：茶壶

步骤一：分析形体结构，线条灵活生动。

步骤二：用浅蓝色马克笔表现主体，按照结构表现"圆锥体"。

步骤三：加深暗面、突出圆形壶体。

**范例三：咖啡杯**

步骤一：思考"圆柱体"的杯身，注意花纹的透视变化。

步骤二：用浅暖灰色马克笔表现杯体，注意白色杯子不要画黑了。

步骤三：加深形体深暗面与投影。

## 4.8.5 范画欣赏2

# 4.9 墙面装饰画表现

范例：欧式装饰画

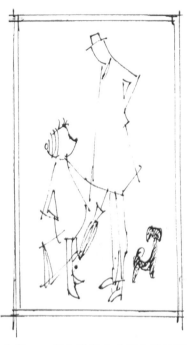

步骤一：用勾线笔准确画出装饰画中的人物形象。

步骤二：用红色马克笔填充画面底色，留白的地方要留出空白。

步骤三：黑色描边，做出剪影的效果。

"三分画七分裱"添加画框后，会使画面整体有很大的改观。

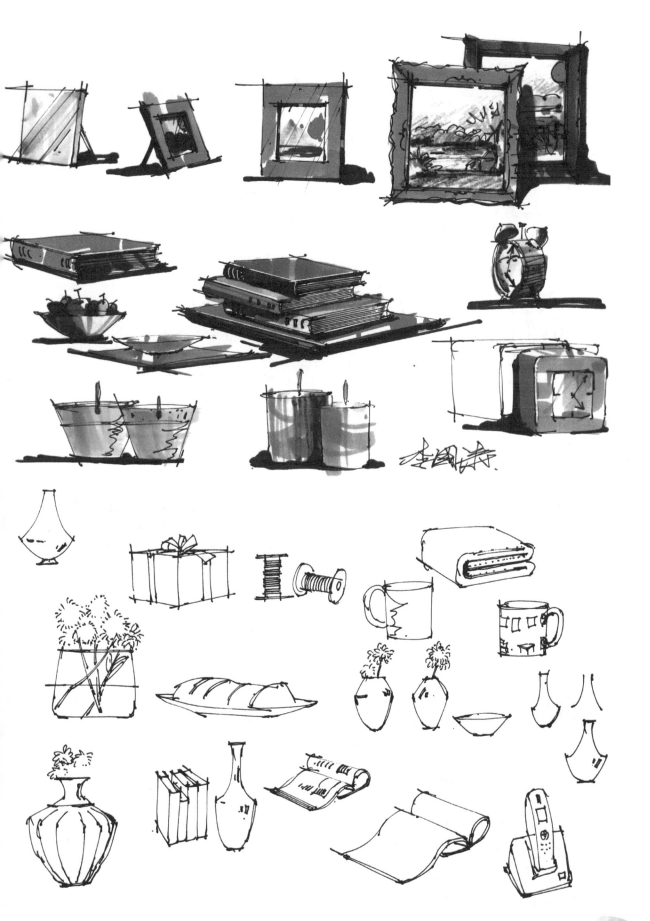

# 第5章

## 住宅空间表现

当代室内空间设计是一种更强调空间环境，综合运用多学科和技术、艺术完美的整合设计。住宅空间设计是以人为主，完善空间功能布局，提高空间品质，强调人的体验。

# 5.1 平面图

平面图是注重空间的功能分区，在平面图的表现过程中要考虑图面色彩的均衡。

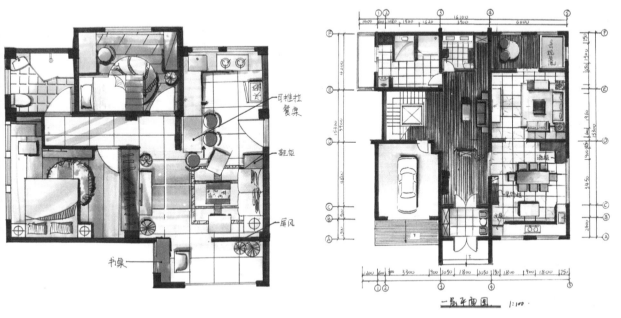

一层平面图　1:100

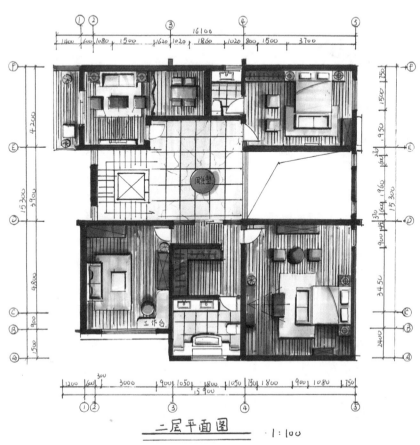

二层平面图　1:100

## 5.2 卧室空间表现

　　把复杂的家具形体进行简化、概括来表现。前面章节已经介绍过这种方法，在这一章节中主要考虑的是家具与空间的比例关系。

　　把床体概括成简单的长方体（详解见第4章），简单的形体更容易抓住透视、比例（床体与卧室的比例）、结构。

　　如卧室层高2700mm、床高450mm，这样刚好形成6倍床高，这样就很容易掌握卧室层高的比例。注：床为模数，用以参照计算空间的比例。

　　控制马克笔笔触的方向，可以更准确地表现形体的表面特征，即或弧面或平面。

线稿+马克笔笔触。

马克笔笔触方向的不同，
形体表面的形态也不同。

### 范例：主卧空间表现

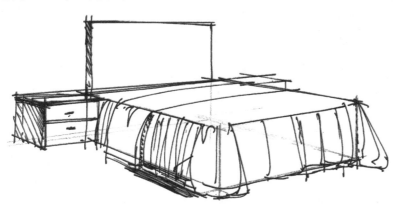

步骤一：分析床体
结构、透视、比
例，把床概括成简
单的形体。

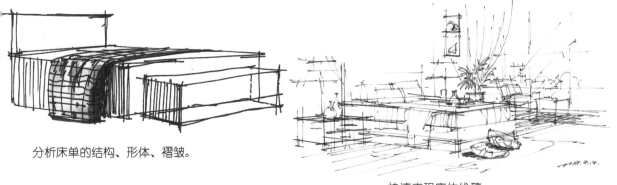

分析床单的结构、形体、褶皱。

快速表现床体线稿。

**步骤二：** 在着色的过程中也不断思考形体的透视、比例是否正确，并及时调整。

**步骤三：** 深入刻画床体细节，环境色用色粉笔渲染即可。

步骤四：用高光笔提亮家具细节，用黑色马克笔刻画投影部分。

## 5.2.1 两点透视卧室

### 范例一：家庭卧室

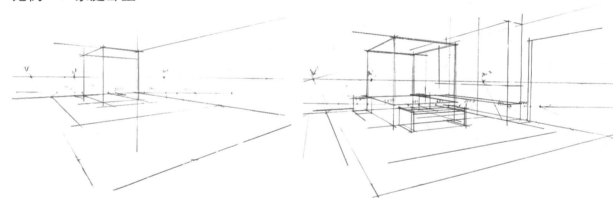

步骤一：用铅笔确定空间高度、床体结构、空间位置正确。

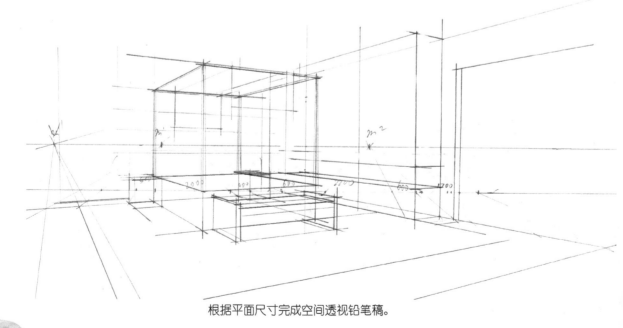

根据平面尺寸完成空间透视铅笔稿。

步骤二：用马克笔表现出形体的明暗关系，"Z字形"笔触表现暗面。

步骤三：用暖色系马克笔表现空间的环境色彩，马克笔随形体结构、透视变化运笔。

## 范例二：酒店总体套房

步骤一：分析床体与空间的比例关系，考虑投影的
位置。用墨线稿确定下来。

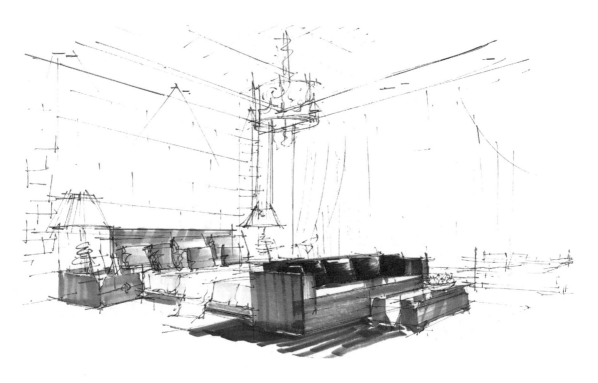

步骤二：把暖色调定为空间主色调。

步骤三：用马克笔表现物体固有色，要先画浅色后再画深色。

步骤四：详细刻画家具细节，加深物体投影。

# 范例三：酒店客房

步骤一：用铅笔画草图，再用针管笔确定墨线稿，认真刻画使比例、结构、透视正确，为后面着色打下基础。

步骤二：用色粉笔渲染空间整体色调，再用马克笔区分形体的明暗关系。

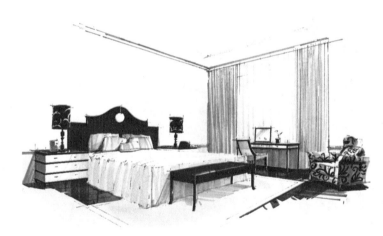

步骤三：用马克笔刻画家具细节，色彩不要画到线稿的外面。这幅图采用排笔的运笔方法来表现。

步骤四：随形运笔表现形体形状。用高光笔画台灯的细部花纹。

在一点透视卧室图中，床的顶面是不容易表现透视变化，初学者要学会观察床底部的形状透视是否正确。

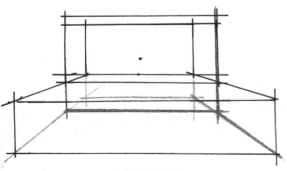

床体透视分析。

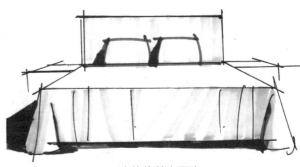

床体的基本画法。

## 范例：中式套房卧室

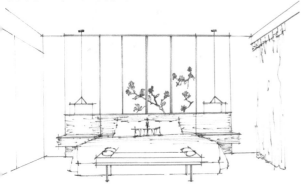

步骤一：画出精确的线稿，木纹机理也可以在线稿阶段完成。

步骤二：用色粉笔渲染空间效果，各个材质的色相要有区分。

步骤三：用马克笔表现亚光家具表面，笔触的编排要斟酌。

步骤四：屏风轮廓用黑色马克笔勾勒，再用白色马克笔画屏风上的装饰花卉。墙角用深色马克笔压边并刻画投影。

表现客厅要先掌握沙发的绘制方法，这其中要重点掌握沙发的基本结构、透视和比例。

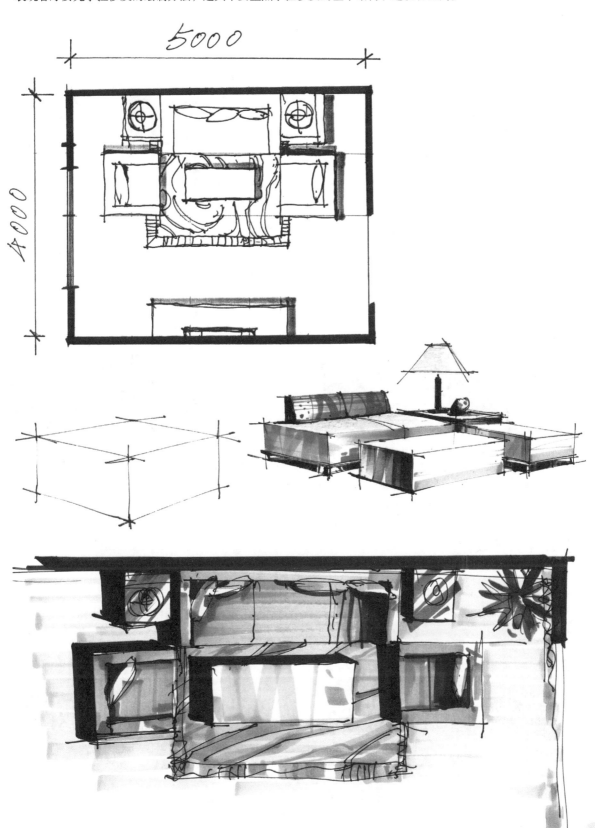

### 范例一：客厅一角

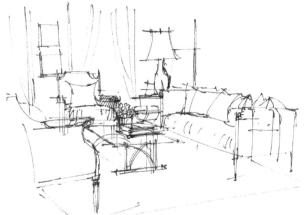
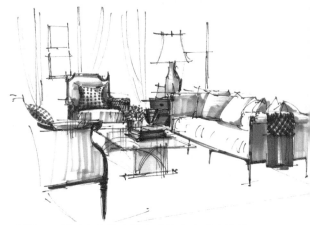

步骤一：徒手勾画线稿，注意透视、比例、结构。

步骤二：用暖灰色马克笔表现基本的明暗关系。

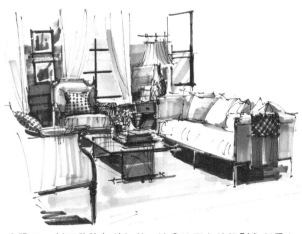

步骤三：刻画装饰物的细节，注意地面上的投影色彩要和地面色调相一致。

步骤四：加深形体与形体之间的暗部色彩，增强画面主体效果。

### 范例二：客厅陈设

步骤一：在透视、比例的基础上，重点刻画各个家具的形态，线条要生动流畅。

步骤二：画出家具的固有色，马克笔运笔仍然要随形体结构排笔。

步骤三：在表现地面和墙面的色彩时，要考虑与家具色彩的整体协调。

步骤四：完善画面中的细节，要能先看到、先想到细节的形态，遵循素描的明暗关系去刻画。

在空间中抓住物体的基本特征——长方体，把握准确长方体与长方体之间的位置关系、透视规律、比例大小等。

完整的一套沙发是空间的前景物（画深墨线的位置），在表现时也是考虑的重要内容。

完整的线稿。

## 5.3.2 中式客厅表现

步骤一：用快干类型的马克笔表现毛茸茸的布料材质，家具刻画成简单的长方体。

步骤二：用色粉笔渲染空间色彩，马克笔笔触要简练概括。

步骤三：用浅色马克笔表现地面、墙面效果。整个画面要有干净的感觉。

# 5.4 书房空间表现

## 5.4.1 中式书房表现

### 范例一：中式古典书房

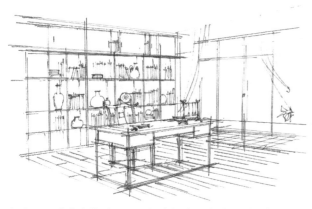

步骤一：确定空间线稿，抓住空间中形体的比例、结构、透视。

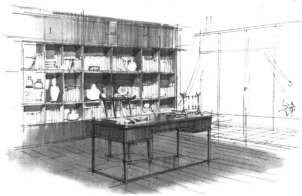

步骤二：用色粉笔渲染空间的主色调，用马克笔刻画家具的暗面与投影。

步骤三：表现落地窗结构，远处植物的色彩。

步骤四：刻画书架上的陈设品，用高光笔画出地板分割缝。

### 范例二：中式简约书房

步骤一：确定空间线稿，线条流畅，透视、比例正确。

步骤二：用木质色先画一遍基本
色彩，也就是物体的固有色。

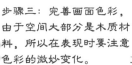

步骤三：完善画面色彩，
由于空间大部分是木质材
料，所以在表现时要注意
色彩的微妙变化。

步骤四：桌案采用黄
色系的颜色来表现，
这样与背景形成区
分、对比。

范例：古典风格书房

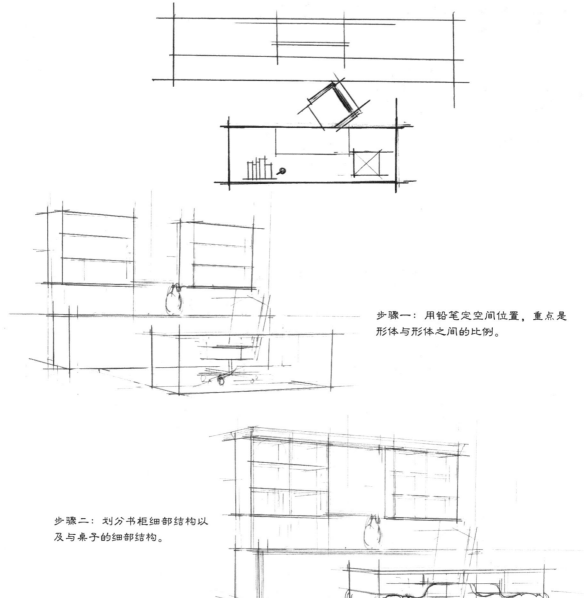

步骤一：用铅笔定空间位置，重点是
形体与形体之间的比例。

步骤二：划分书柜细部结构以
及与桌子的细部结构。

步骤三：丰富书架上的内容，同
时也是丰富画面的内容。

步骤四：斜向排列铅笔笔触，使铅笔的笔触更加清晰。

步骤五：整体调整，浅色的主体与深色的背景形成对比关系，以突出主体物。

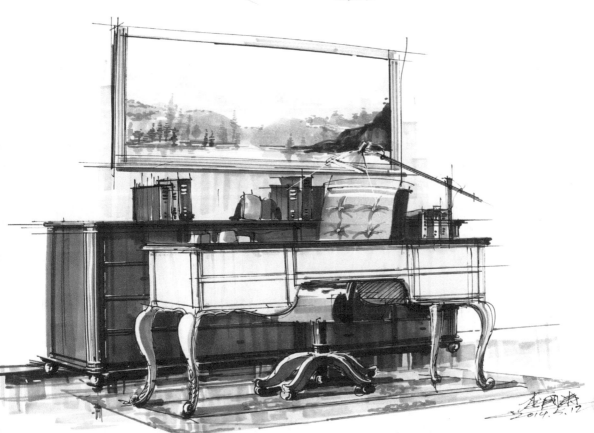

# 5.5 厨房空间表现

## 5.5.1 现代风格厨房表现

### 范例：家用厨房

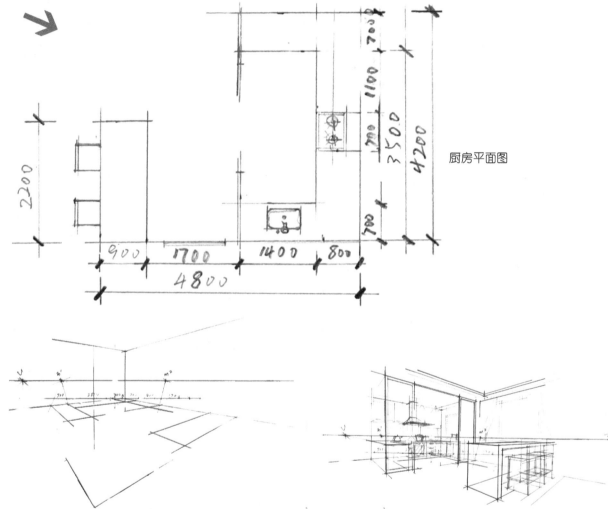

厨房平面图

步骤一：根据平面图尺寸画出准确的两点透视效果，再根据透视平面画出厨房、橱柜的高度。

步骤二：用勾线笔细致地刻画完成厨房墨线稿。

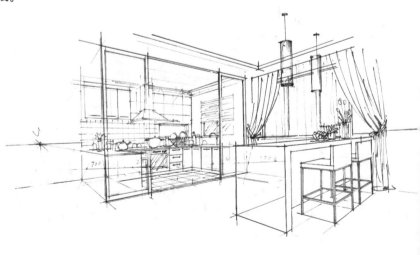

步骤三：着色阶段，用色粉笔画空间主色调。用马克笔上色时，要顺着木纹纹理方向运笔，这样画面笔触效果会更逼真。

步骤四：最后完成画面中细小物体的结构。

## 5.5.2 开放式厨房表现

### 范例一：厨房一角1

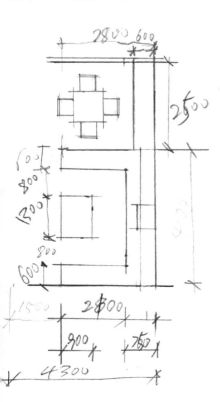

步骤一：线稿阶段，根据平面图画出透视底图，以塑造厨具的体积，细化橱柜、厨具细部结构。

步骤二：着色阶段，用色粉笔渲染空间色调。

步骤三：白色的橱柜用
浅暖灰色马克笔来表
现，再用浅蓝色马克笔
斜排表现窗子玻璃。

步骤四：地面上的地板用
木质色彩横向运笔表现，
再用垂直运笔表现地面上
的反光。

步骤五：添加白色高
光线条，这样画面看
上去比较完整。

# 范例二：厨房一角2

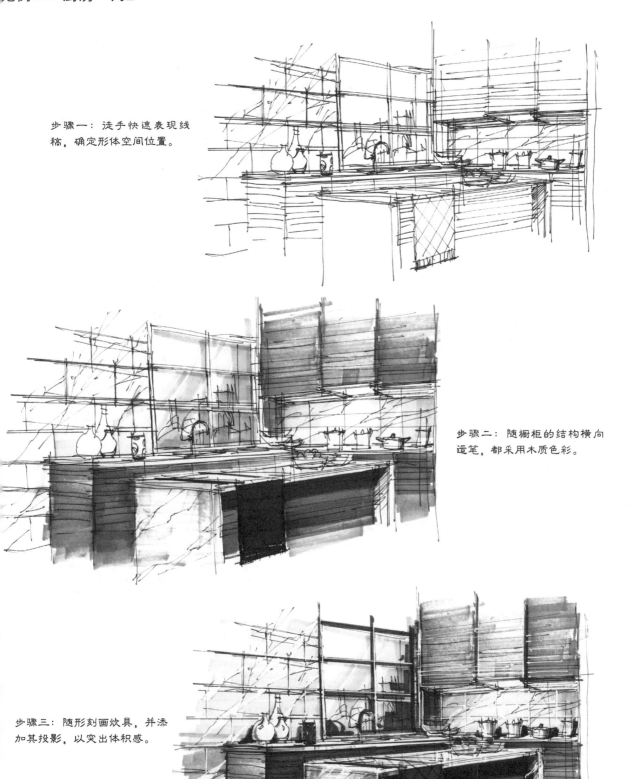

步骤一：徒手快速表现线稿，确定形体空间位置。

步骤二：随橱柜的结构横向运笔，都采用木质色彩。

步骤三：随形刻画炊具，并添加其投影，以突出体积感。

范例：酒店洗手间一角

步骤一：徒手快速勾画线稿，努力把空间的透视、比例和物体形象特征画准确。

步骤二：用浅蓝色马克笔画第一遍色彩，做到随形体笔表现。

步骤三：加深物体的色彩，塑造空间的明暗效果。

步骤四：用黑色马克、白色高光笔强调空间的立体效果。

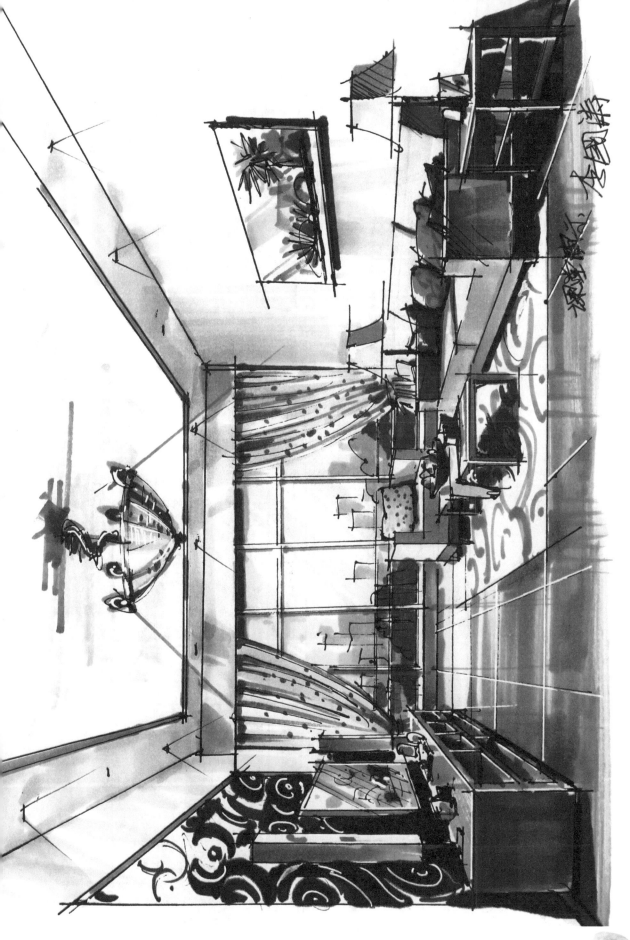

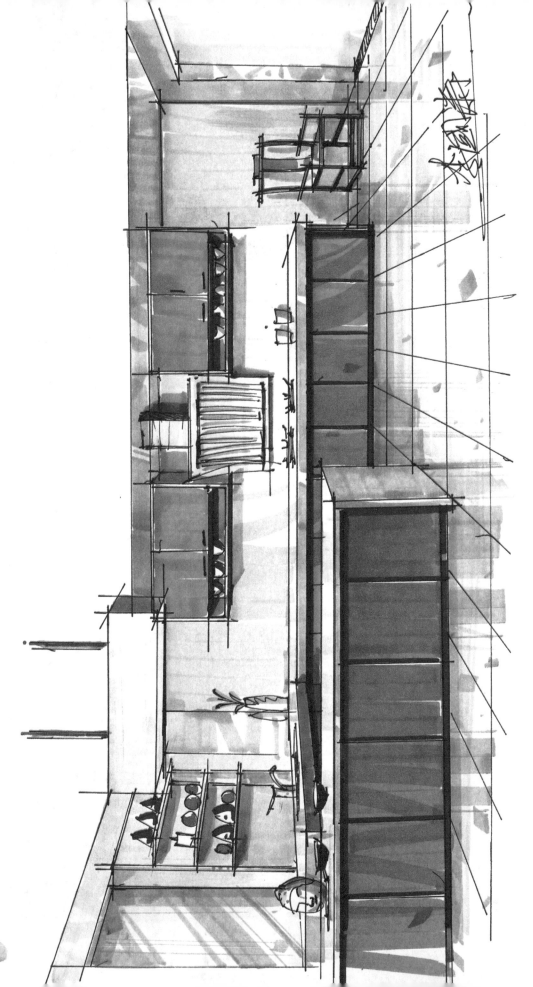

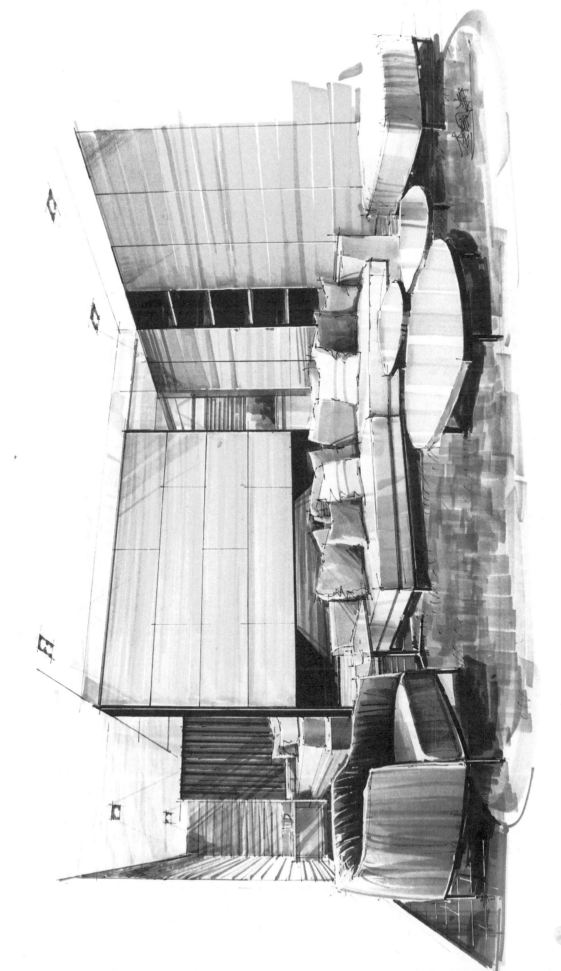

# 第6章

## 餐饮娱乐空间表现

# 6.1 餐厅空间表现

餐厅空间是室内环境中必不可缺少的一部分，是现代人生活、休闲、体验活动不可或缺的重要环境。

餐饮空间设计是设计、完善、创造良好的餐饮场所的设计艺术，设计就餐环境和就餐环境视觉次序，包括餐厅的地理位置、外部环境、内部空间、空间陈设、装饰布艺、色彩、灯光照明等元素。

## 6.1.1 中式餐厅空间表现

多练习画单体家具，有助于对整体空间比例的把握。

范例一：餐桌

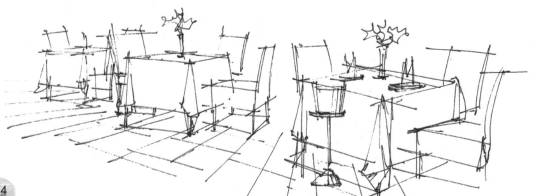

步骤一：用直线简练地概括形体，整体形态是重点。

步骤二：整体为暖色调，马克笔采用块面状的大笔触来表现餐桌形体。

步骤三：冷灰色系的地面颜色能突出暖色系的餐桌。

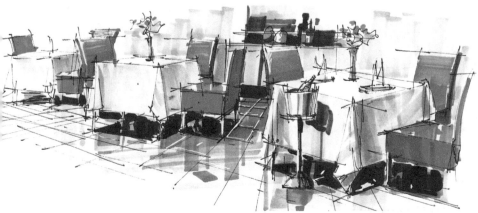

步骤四：添加局部的细节，用白色高光笔画砖缝，增强地面反光效果。

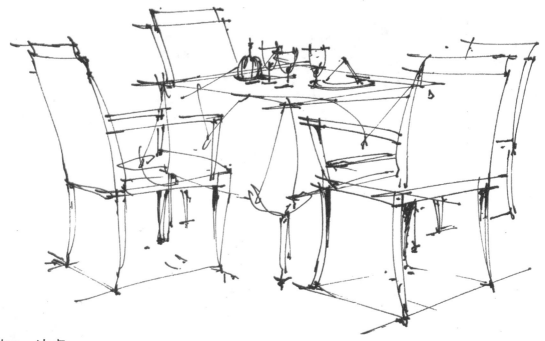

## 范例二：边桌

步骤一：徒手勾画线稿，注意表现形体的结构、细节、明暗。

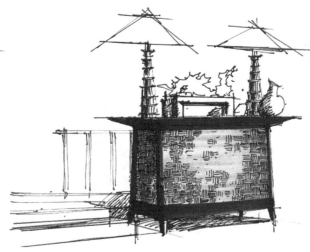

步骤二：用马克笔平铺大色块。注：色彩不要画线稿外。

步骤三：刻画环境结构、色彩关系，笔法是随形体运笔。

## 范例三：中式台案

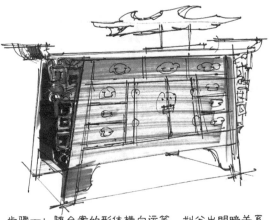 

步骤一：随台案的形体横向运笔，划分出明暗关系。

步骤二：画出光影效果，同时也表现了台案的亚光质感。

步骤三：刻画投影与环境色彩，投影不能画得浪黑，要能"透气"。

## 范例四：饭店大堂

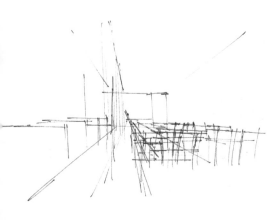 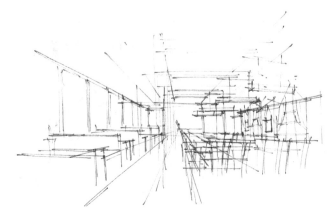

步骤一：确定家具在空间中的位置，徒手表现不要怕线条"乱"，自己能看懂就行。

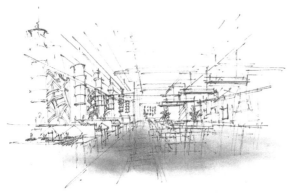 

步骤二：完成线稿，线稿的作用是表述空间中的内容，所以比例、结构要准确。

步骤三：给物体着色，整体空间围绕着暖色调表现。

## 范例五：酒店包房

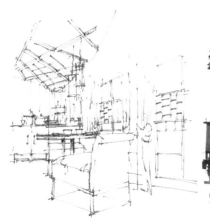  

步骤一：线稿清晰地表达空间的结构、家具等内容。

步骤二：确定空间的整体（各个家具、装饰物）色调。

步骤三：局部刻画，整体调整，以留白斜画马克笔笔触结合的方法来强调光感

步骤四：用黑色马克笔与白色高光笔强调空间效果，近处的景物要着重刻画。

范例一：古典扶手椅

步骤一：在画桌子、椅子时一定要画出地面上的正投影——矩形。正投影的矩形可以帮助你确定4个脚的位置、比例等信息。

步骤二：画整体色彩，第一遍不要把色彩画得太深，为后面调整色彩留出余地。

步骤三：局部细致刻画，注意细部图案与整体色彩的统一。

步骤四：强调暗面、投影与高光，可以用高光笔画椅子的高光。

每一笔线稿都要跟着形体结构的走势"走"。

## 范例二：边桌

步骤一：勾画线稿，这幅图线稿的勾画是难点。

步骤二：以米黄色作为主色调，认真研究形体结构转折的变化。

步骤三：强调投影部分，增加空间效果。

## 范例三：简约餐桌

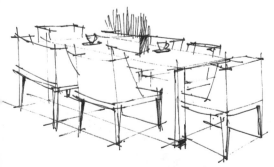

步骤一：线稿应快速、简练，画出主要形体结构。

步骤二：用墨绿色马克笔画出椅子的明暗关系和基本色彩。

步骤三：快速画出环境色。

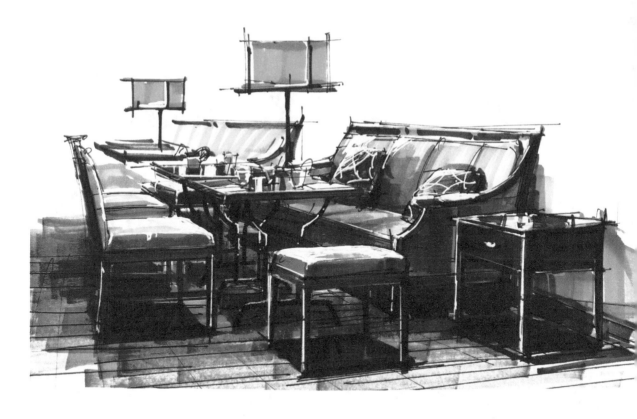

## 范例四：餐饮餐具

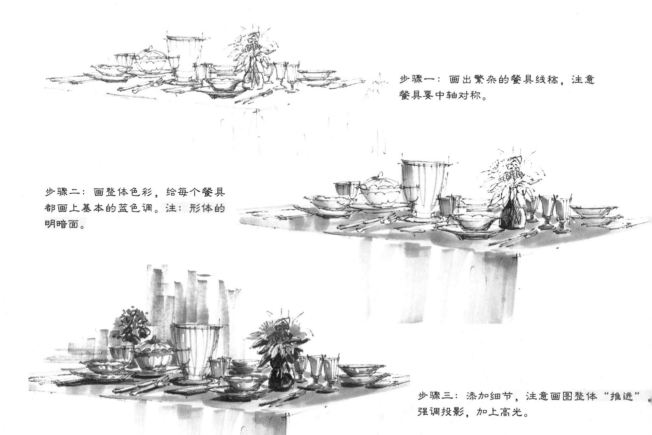

步骤一：画出繁杂的餐具线稿，注意餐具要中轴对称。

步骤二：画整体色彩，给每个餐具都画上基本的蓝色调。注：形体的明暗面。

步骤三：添加细节，注意画图整体"推进"强调投影，加上高光。

# 范例五：西餐厅一角1

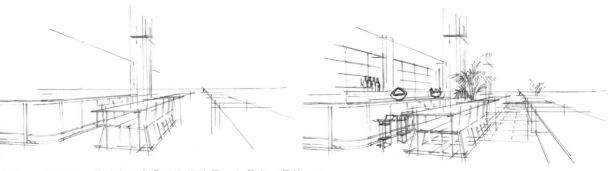

步骤一：画线稿，要确定出家具的空间位置，如餐桌、餐椅、吧台等。

步骤二：在整体空间结构、位置正确的基础上逐渐刻画细节。

步骤三：用色粉笔"渲染"空间，使画面有一个统一的色调。

步骤四：用暖色系的马克笔给家具着色。在画浅色时尽量把要画的位置都画到。

步骤五：深色系表现投影，局部则用黑色马克笔刻画，高光用白色高光笔表现。

# 范例六：西餐厅一角2

步骤一：徒手快速画出餐厅空间的基本结构。

步骤二：用浅灰色马克笔画墙面，暖黄色画餐椅。运笔随形体结构表现。

步骤三：地面与台灯的表现，运笔要果断、大胆、概括。
注：不能把色彩画到线稿外面。

步骤四：空间局部的细节刻画，在画色彩的同时也要注意空间透视、结构的关系。

## 6.1.3 主题餐厅空间表现

### 范例：自助餐吧

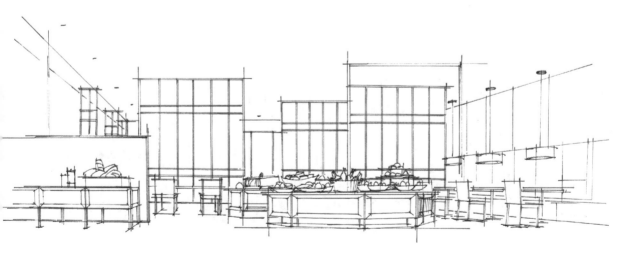

步骤一：准确勾画空间的墨线稿，为后续着色做好铺垫。

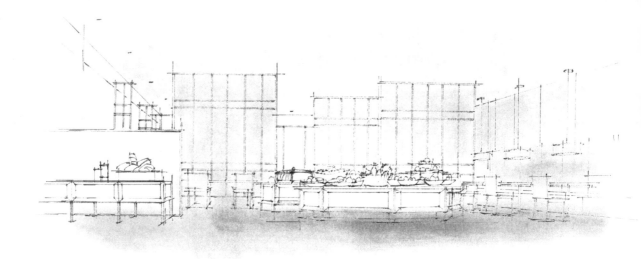

步骤二：用色粉笔渲染整体空间色调，这样能先确定空间的调子。

步骤三：随形运笔表现家具的色彩，马克笔笔触的编排是关键，笔触要有美感。

步骤四：用暖灰9或黑色的马克笔画屏风的格子，局部刻画投影与高光。

## 6.2 酒店空间表现

### 6.2.1 大堂空间表现

### 范例一：酒店大堂

步骤一：确定墨线稿，徒手+尺子完成线稿工作。

步骤二：用浅暖灰马克笔画墙面，用浅绿灰马克笔画地面。

步骤三：用平行的笔触刻画顶棚。再以概括的手法表现空间的家具与墙面的图案。

步骤四：用深色马克笔强调空间细节，同时也能使大堂更有空间感。

### 范例二：咖啡厅

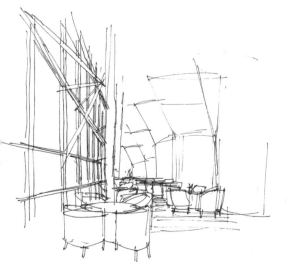

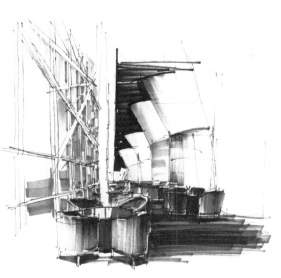

步骤一：徒手勾画大厅的基本结构，可以在着色的过程中继续完善线稿的细节。

步骤二：画出空间物体的基本色调，整体色彩应统一。

步骤三：所用色彩是在同色系中寻求变化，最后用黑色、白色表现空间的细节。注：画图的最后过程一定是用黑色和白色进行收尾，起到画龙点睛的作用。

## 6.2.2 休闲空间表现

### 范例：休闲空间

步骤一：用铅笔画草图，再用针管笔复勾线稿。追求透视、比例、结构正确。

步骤二：用色粉笔表现空间的主色调，着色要均匀。

步骤三：快速扫笔表现木板材质的纹理，从斜画排笔表现光影效果。注：笔触表现得要轻巧准确。

步骤四：刻画家具细节，高光处可以用白色高光笔表现。玻璃护栏用浅蓝色马克笔表现。

# 6.3 茶室、咖啡厅、冷饮店空间表现

## 6.3.1 茶室空间表现

### 范例一：中式茶室

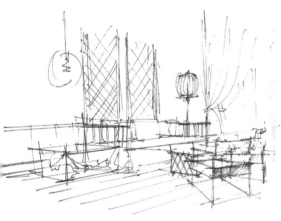

步骤一：勾画空间线稿，快速确定空间中家具的位置。

步骤二：用木质色马克笔表现家具，要大胆展示马克笔的笔触效果。

步骤三：强调细部结构，丰富画面内容。注：时刻要注意透视、比例。

步骤四：用黑色马克笔和白色高光笔"整理"画面。如同重新勾线稿一样，使画面看起来"干净"。

### 范例二：日式茶室

步骤一：设计好空间家具摆设的位置，同时要构想完成后的效果。

步骤二：以对最后效果的想象（清爽的感觉、甜美的味道）开始着色。用色粉笔确定色调，色粉笔涂抹得要均匀。

步骤三：笔触的编排要反映空间形体结构、明暗、透视关系，也可以展示笔触的美感。

步骤四：黑、白色彩刻画细节。画面最后效果要呈现出"干净、整齐"的感觉。

## 6.3.2 咖啡厅空间表现

### 范例：弧形咖啡厅

步骤一：大胆刻画线稿，对概念性空间可以采用夸张的手法表现。

步骤二：所有物体的色彩都要先铺底色，不用画出明暗面。铺底色的好处是可以更准确地控制色彩之间的协调性。

步骤三：刻画整体空间的明暗效果。

步骤四：刻画细节，强调空间效果。

范例：简约风格冷饮店

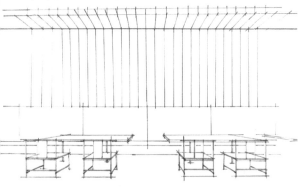

步骤一：这样的图要求有很准确的线稿，才能画成"干净、整洁"的效果。

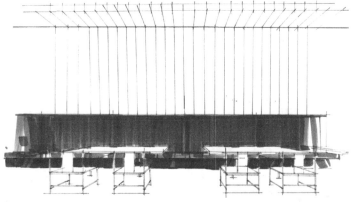

步骤二：不同的形体，运笔方法也不同。有时要隐藏笔触。

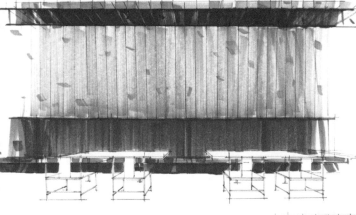

步骤三：熟练运用不同笔法（快慢、轻重），了解马克笔能画出几种笔触。

步骤四：笔法、视角的运用可以使空间有平面感，同时也能感受到设计的内容。

# 6.4 KTV空间表现

## 6.4.1 KTV吧台表现

### 范例：KTV吧台

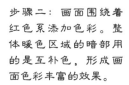

步骤一：勾画线稿，物体的透视、比例、结构要准确。确定红色色调。

步骤二：画面围绕着红色系添加色彩。整体暖色区域的暗部用的是互补色，形成画面色彩丰富的效果。

步骤三：分别用黑色马克笔、白色高光笔对细节进行调整，注意画面的整体效果。

## 6.4.2 KTV娱乐大厅表现

### 范例一：KTV大厅1

步骤一：确定空间中家具、装饰物的位置。注：桌椅比例不要画得过大，否则会感觉空间小。

步骤二：确定每个物体的色彩，注意时刻都要想着画面最后的效果。

步骤三：逐渐加深每个物体的色彩，画图时要能"放得开"也能"收得住"，就是能控制住画面整体的色调。

步骤四：把要表现的细节要刻画得完整、准确，也要表现出KTV喧闹的氛围。

## 范例二：KTV大厅2

步骤一：确定线稿，预想最终效果。

步骤二：可以参考一些酒吧的颜色、氛围，再来定空间的色彩、色调。笔触要随形运笔排线。

步骤三：进一步塑造形体，丰富画面色彩。

步骤四：对结构不清晰的位置进行重点刻画。注：画图最后阶段是整体调整、刻画细节的过程。

## 范例：动感风格KTV门厅

步骤一：线稿是随着深入的刻画，而逐渐调整的，画图的过程就是调整和完善的过程。

步骤二：先画上一些色彩看看效果，在表现的过程中还是以调整的。注：这时不要看细节，要观察画面整体效果。

步骤三：深入刻画形体的色彩，逐渐确定形体、色调。

步骤四：用深黑色强调空间感，要表达出浓艳的效果。

### 6.4.4 KTV包房表现

## 范例：科技感KTV包房

步骤一：用概括的线条来表现家具结构，同时要确保空间与家具的比例要正确。

步骤二：画出各个家具的色彩，适当留白表现高光。

步骤三：强调画面的空间效果，画面色彩要统一。

## 6.4.5 KTV过道表现

### 范例：重叠空间KTV上色

步骤一：以色粉笔定空间色调，再以马克笔塑造形体。

步骤二：大面积的红色不易表现，注意笔触的编排。远、近处的色彩要有对比、有变化。

步骤三：要遵循近暖远冷的色彩规律，即近处的红色逐渐呈现出橘黄色，远处的红色更倾向于紫红色的效果。

"利豪杯"全国手绘设计大赛专业组 三等奖

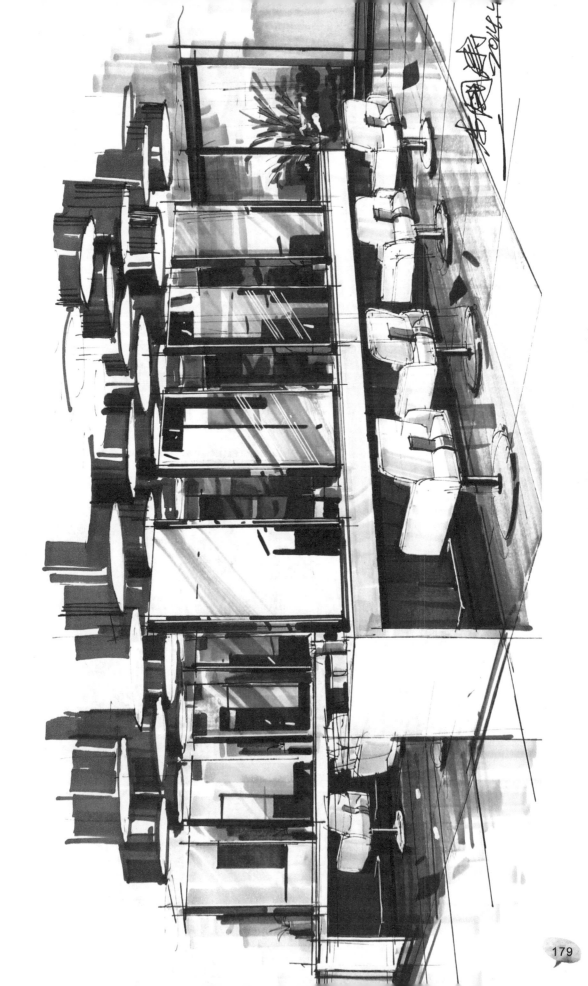

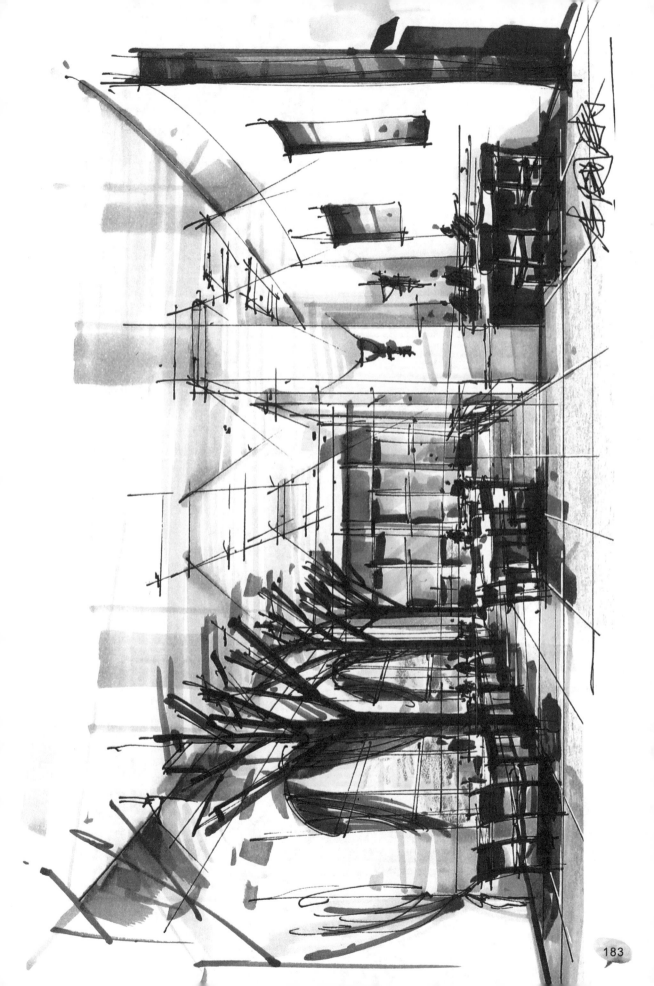

183

赵国斌作品

# 第7章

## 展示空间表现

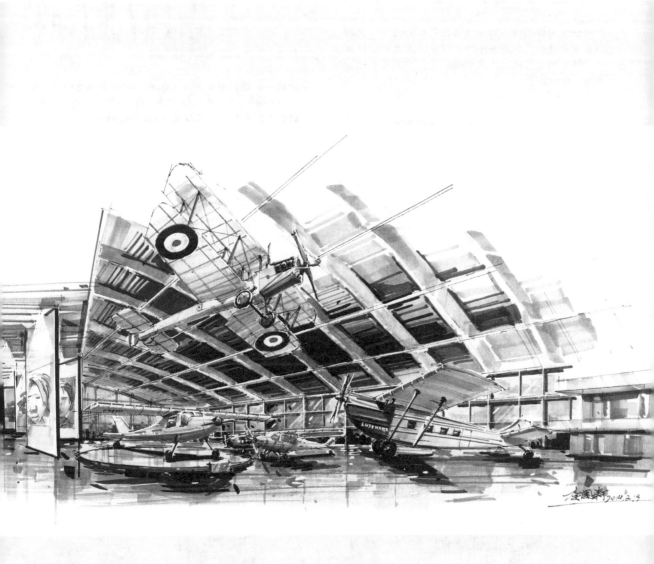

# 7.1 商场空间表现

## 7.1.1 商场展柜表现

商场展柜占展示空间的比重也是非常大，主要是陪衬销售商品，形态也是各有千秋。

## 范例：摆台

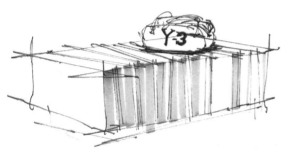

步骤一：勾画线稿。画出摆台的基本形态——线稿，如果有些透视、比例等小问题可以在上色的时候解决掉。接着画出形体的主要明暗关系，马克笔的笔触要流畅、自如些。

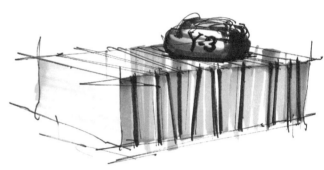

步骤二：在刻画亮面与灰面的同时也要加重暗面，这样可以始终保持画面整体的明暗对比效果。亮面的笔触采用浅暖灰色纵向刻画，深暖灰色刻画暗面的凹槽。

步骤三：最后整体调整明暗对比关系，在画面中加些马克笔的笔触（看似不经意的几点）可以活跃画面效果。注：暗面与投影加重，就是突出画面整体效果的明暗对比。

注：要表现玻璃橱柜的通透感，可以用马克笔的笔触烘托出玻璃材质。抓住玻璃的通透效果再加上强烈的明暗对比，就更像玻璃了。

长方体是展柜的基本形体，同时长方体也是便于徒手表现的形体。

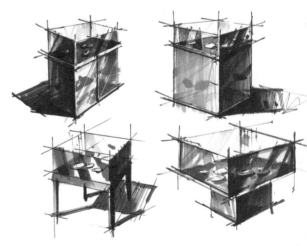

步骤一：勾画线稿。用铅笔画出基本结构，再用墨线画出物体在空间中的具体位置，要求形体生动，比例、透视准确。

步骤二：用浅绿色马克笔和深绿色马克笔分别画出前景灌木和远景乔木，近景灌木丛采用纵向与横向笔触表现，这样更有方向感。

步骤三：休闲空间表现自然的气息可在墙上涂鸦些蓝色，吊顶以圆形白色球体，表现天空白云，而顶棚则可采用深黑色喷漆的裸棚处理手法以突出白云。地面采用暖黄色胶地表现泥土，整体突出森林的气息。

步骤四：最后调整阶段，近处景物色彩应略深色，强调空间层次，近景草坪笔触明显些可以增加画面的跳跃感。

# 7.2 专卖店表现

## 7.2.1 手机专卖店表现

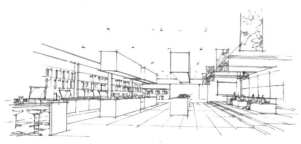

步骤一：首先用铅笔勾画出场景的基本空间与结构，确定出物体的空间位置。同时也要兼顾透视、比例、结构与形态。局部要加强细节的刻画，同时保持整体与局部和谐统一。

步骤二：用熟褐色色粉笔对整体进行着色，统一整体色调。再用浅暖灰色马克笔表现底层墙体的空间景深，要求笔触简练、干净。

步骤三：用木质色画桌椅，再用浅蓝、蓝灰色、浅黄、深绿、大红色等色彩表现墙上的小挂件商品和人物。

步骤四：用暖灰色马克笔表现较深色的顶棚，先横排笔表现顶棚的空间纵深，最后用斜画线表现顶棚的光感与质感，这样整体效果更加生动灵活。

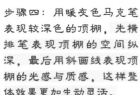

步骤五：用高光笔表现地面地砖的反光，用黑色强调空间。

## 7.2.2 服装专卖店表现

　　服装专卖店设计是室内设计所设置的专业课内容中，重要的一项内容。要想熟练掌握这一内容，首先了解所要设计的是什么样的服装品牌，针对的消费群体是什么样的年龄层次，消费能力等信息。在手绘表现设计方案时，也要根据上述信息进行设计绘制表现。

## 范例一：鞋包专卖店

步骤一：勾画出鞋包专卖店的空间线稿，基本表现出物体的空间位置。线稿表现不够完整的地方可以用色彩补充完整。

步骤二：用暖灰色马克笔表现白色的展柜，笔触应随形运笔。用暖灰色马克笔以竖排笔方式画出墙面的光影效果。

步骤三：用暖灰色马克笔表现顶棚的空间与光影效果，用浅蓝色马克笔表现橱窗玻璃的基本色彩（画第一遍底色）。

步骤四：用蓝色马克笔表现玻璃（画第二遍底色），斜排笔触表现光感与层次。用棕色、大红色、紫色等马克笔表现皮包与鞋子的色彩，要用随形运笔的方法表现皮包的空间效果。

## 范例二：服装专卖店

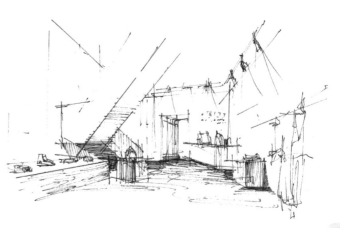

步骤一：徒手表现空间场景线稿，注意物体的透视、比例大小变化。徒手画长的直线比较难，可以用直尺画长线，以保证画面线稿整洁、力度。

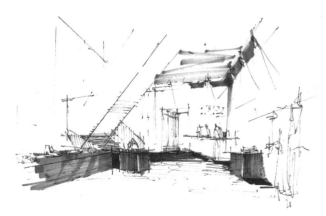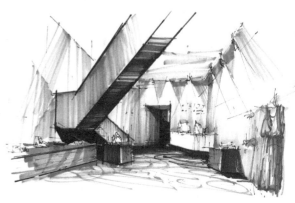

步骤二：确定墙面和摆台的色彩，暖灰色表现墙体和地面的色彩，以木质色彩表现摆台的基本色彩。

步骤三：墙面的笔触可以反映筒灯照在墙面上的光影效果，还可以表现出墙面景深的色彩变化。

步骤四：剩下的小件物体可以用鲜艳的色彩表现（这里的小件摆设面积较小可以用相对鲜艳的色彩），同时用黑色马克笔强调物体与地面衔接的位置。

## 7.2.3 陶瓷专卖店表现

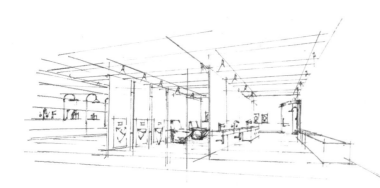

步骤一：空间物体的透视、比例先用铅笔确定好，再用墨线笔勾画出来。

步骤二：用蓝灰色表现玻璃的光感与灯光照射的位置。用深灰色画一遍顶棚，再用黑色画出顶棚的层次感。

步骤三：暖灰色表现地面色彩和倒影的效果，首先横向运笔画出地面的景深（近处亮远处深的空间效果），用竖画笔触表现地面的反光效果（运笔轻盈大胆果断，不能拖泥带水）。

步骤四：用同色系的色彩加深地面，如地面用暖灰表现墙与地面的空间效果等。白色表现地砖缝隙处的高光。

## 7.2.4 家具专卖店表现

在家居卖场中家具的展示多数是采用体验式的展示方式的，这样更有家的感觉，能提高消费者的购买欲望。

## 范例一：卧室陈设

步骤一：用铅笔表现出床的基本结构和配套家具，要求透视、比例、结构正确、线条流畅。软质的布料多用曲线、弧线表现，木质、玻璃、金属等坚硬的材质多用直线表现。

步骤二：用浅棕色表现木质床体和其他木质家具，暖灰色表现白色布料的层次效果与明暗效果。

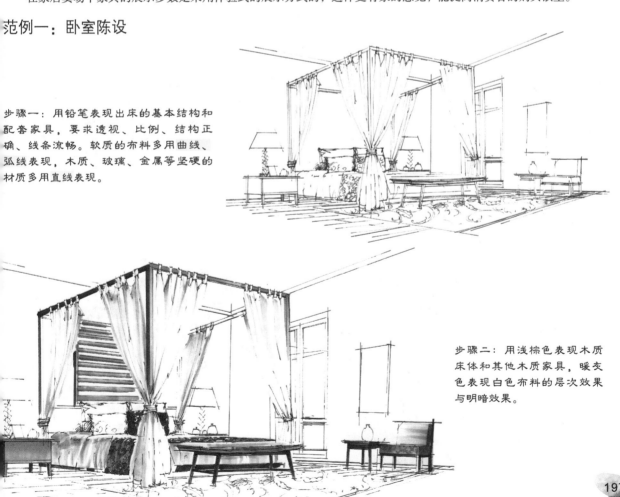

步骤三：暖黄色表现第一遍地毯色彩，深棕色表现木地板，运笔根据木质地板的透视表现，家具投影的地方最深。

步骤四：暖灰色表现远处的墙角，同时色铅笔表现渐变效果。中黄色随形体运笔表现灯罩的体积效果。最后调整阶段详细刻画窗子、地板、地毯的图案和高光效果。

## 范例二：客厅陈设

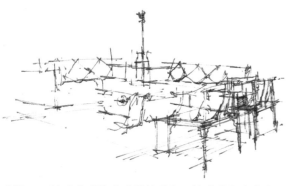

步骤一：徒手表现整套沙发的线稿，徒手线稿会有些凌乱但是同样要求透视、比例、结构严谨准确。

步骤二：用浅黄色马克笔表现沙发的主体色彩，用酒红马克笔表现沙发上的抱枕，同时注意抱枕上的留白。

步骤三：用深红色马克笔表现沙发背景中的屏风，用深暖灰色马克笔表现太师椅的背光面，增加空间感。
注：屏风的结构及其表面上空洞的疏密变化是难点。

步骤四：最后一步加强形体细节，用黑色马克笔强调沙发和屏风的阴影。

# 7.3 汽车展示与陈设表现

## 7.3.1 汽车单体表现

### 范例一：家用车

步骤一：把汽车概括成长方体，这样便于掌握住透视、比例、结构的变化。

步骤二：用蓝灰色马克笔画车体的暗面，要把车体画成圆弧体的效果。

步骤三：用浅蓝色马克笔画亮面的玻璃，深蓝色画暗面的车窗。白色高光笔修改细小的形体，地面加深色突出汽车的空间效果。

### 范例二：商务车

步骤二：用浅蓝色马克笔与深蓝色马克笔表现车窗玻璃的效果，再用暖灰色马克笔表现白色车体。注：弧面车体的变化。

步骤一：徒手弧线勾画出车体的形体结构，同时强调透视、比例和形体的转折。

步骤三：用深色系马克笔画地面，以衬托出白色车体的效果，再用白色高光笔调整车轮子的细节。

### 范例三：跑车

步骤一：徒手勾画出跑车的基本形态，重点是线条的流畅性。

步骤二：用大红色马克笔表现汽车座椅，再用暖灰色马克笔表现汽车的侧面。

步骤三：用蓝色表现挡风玻璃，深蓝灰色作为背景的陪衬，整体效果突出白色跑车。

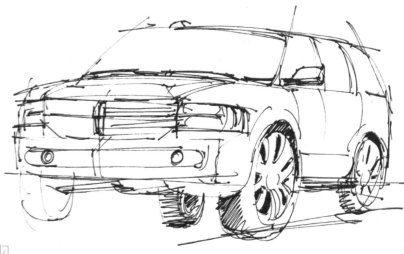

## 7.3.2 汽车陈列空间表现

### 范例：车博会一角

步骤一：用铅笔确定出空间与汽车的空间位置，再用勾线笔渐渐刻画出形体的准确结构，表现重点是空间与汽车的比例关系。

步骤二：以暖灰色作为空间的基本色调。用深蓝灰色马克笔表现出顶棚的凹陷区，再用浅灰色马克笔表现地面的基本色调，最后用浅蓝色马克笔表现车窗玻璃。

步骤三：用暖灰色马克笔表现白色的穹顶，平行笔触是表现大面积白色较好的方法。墙面用蓝灰色马克笔来表现，这样画面形成对比，色彩显着明亮。

步骤四：最后是调整阶段，用黑色马克笔强调穹顶的钢结构，地面的光感用垂直运笔表现，整体效果应展示出马克笔的独特魅力。注：空间设计表达清楚形体主次关系才是关键。

# 7.4 博物馆空间表现

## 7.4.1 科技馆空间表现

### 范例一：科技馆展厅1

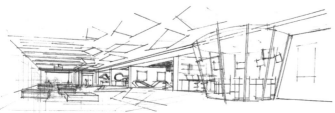

步骤一：画出准确的空间比例，对所要表达的空间效果要做到心中有数。

步骤二：用深蓝色马克笔表现顶棚，再用浅蓝色马克笔表现地面。这样在色彩上达到统一。

步骤三：细部空间刻画，重点是玻璃里面的结构。

步骤四：用黑色马克笔刻画顶部框架结构，用白色高光笔表现地面的反光。

### 范例二：科技馆展厅2

步骤一：徒手表现空间线稿，物体透视、物体与空间的比例表现准确。

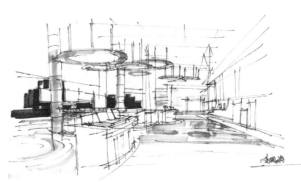

步骤二：用浅蓝灰马克笔表现地面与柱体的基本色彩。

步骤三：添加物体上的色彩，明暗关系要分清。运笔笔触应大胆，灵活。

步骤四：整体色彩调整，细致刻画局部展台。

## 7.4.2 历史博物馆表现

### 范例一：博物馆展厅1

步骤一：铅笔起稿，墨线确定空间、物体形象。

步骤二：斜向运笔表现浅蓝色玻璃，用色粉笔表现大面积的地面。

步骤三：细致刻画近景形象，用深灰色马克笔刻画顶棚的结构网格。

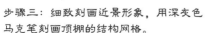 

步骤四：整体调整，细部刻画。地面横排笔触表现景深的层次，竖向运笔表现倒影。

## 范例二：博物馆展厅2

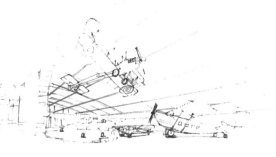

步骤一：用铅笔推敲空间、位置、飞机比例，墨线确定正稿。

步骤二：用灰色色粉笔渲染空间，飞机则用马克笔细致刻画。

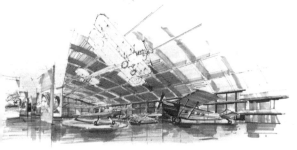

步骤三：用马克笔表现空间层次，随形编排笔触表现形体结构。

步骤四：用深黑色马克笔强调空间（强调素描关系）。顶棚的黑色反衬暖黄色的飞机。

## 7.4.3 图书展示表现

### 范例：阅览室

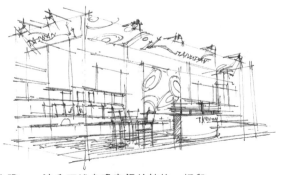

步骤一：徒手画线表现空间的结构、框架。

步骤二：前景结构用暖色表现结构、纹理。背景物用蓝灰色马克笔表现基本色调。

步骤三：用深蓝灰色马克笔刻画景深，突出前景。笔触的编排不能过乱。

步骤四：丰富空间色彩，丰富空间物体的内容。

郭祥云作品

赵国斌作品